LISNAGA

Name ....

Form .... September 19..........

Success with Number

Success with Number

Roy Hollands B.Sc., M.A., M.Ed.

M
Macmillan Education
London and Basingstoke

© Roy Hollands 1983

All rights reserved. No part of this publication
may be reproduced or transmitted, in any form or
by any means, without permission.

Published 1983

Published by
Macmillan Education Limited
Houndmills Basingstoke Hampshire RG21 2XS
and London
Associated companies throughout the world

Typeset in Hong Kong by Asco Trade Typesetting Limited
Printed in Hong Kong

British Library Cataloguing in Publication Data

Hollands, Roy
Success with number
1. Arithmetic—1961–
I. Title
513   QA107
ISBN 0-333-28137-3

CONTENTS

1 WHOLE NUMBERS   1

Place value **1**, Addition **4**, Throwing rings **5**, Subtraction **6**, Cross-number puzzles **8**, Addition and subtraction **9**, Ten-pin bowling **11**, Multiplication **12**, Division **20**, Cross-number puzzles **24**, Will it divide? **25**, Odd and even numbers **27**, Digits **30**, Famous people **31**, Progress check 1 **32**

2 WHOLE NUMBERS AND FRACTIONS   34

Factors **34**, Prime numbers **36**, Roman numerals **37**, Number patterns **38**, 142 857 **39**, Squares and square roots **40**, Fractions **42**, Addition of fractions and mixed numbers **48**, Shapes from fractions **49**, Famous animals **50**, Subtraction of fractions and mixed numbers **51**, Name the towns **52**, Multiplication and division of fractions and mixed numbers **53**, Fraction and mixed number puzzles **55**, How we spent a day **56**, Fractions on a grid **58**, Does the order matter? **59**, Progress check 2 **60**

3 DECIMALS, GRAPHS, CHARTS AND TABLES   62

Decimals **62**, Decimal addition **65**, Decimal subtraction **66**, Decimal addition and subtraction **67**, Cross-number puzzles **68**, Magic squares with decimals **69**, Decimal multiplication **70**, Decimal division **71**, Cross-number puzzle **73**, Decimal words **74**, Decimal diagrams **75**, Puzzle practice **76**, Preparing for graphs **77**, A decimal/fraction graph **78**, Bar graphs **80**, Pie charts **81**, A flow chart **82**, A nomogram **83**, A distance table **84**, A conversion graph **85**, Progress check 3 **86**

4 OTHER TOPICS   88

Percentage **88**, Money: addition and subtraction **90**, Money: multiplication and division **92**, A money puzzle **94**, Ratio **95**, Direct proportion **98**, Average or arithmetic mean **100**, Ring-a-ring of roses **103**, Letters and numbers **107**, A dice race **109**, Possible scores **110**, Calendar calculations **111**, Progress check 4 **114**

Multiplication tables   116
Answers   117

1 WHOLE NUMBERS

PLACE VALUE

1 Copy the table and fill in the missing dots. The first one has been done for you.

	Number	Thousands (Th)	Hundreds (H)	Tens (T)	Units (U)
(a)	4527	∴∵	∵∶	∶	∷∶
(b)	7891				
(c)	3283				
(d)	5064				
(e)	9105				
(f)	2009				
(g)	476				

2 Copy the table and fill in the missing numbers. The first one has been done for you.

	Number	Thousands (Th)	Hundreds (H)	Tens (T)	Units (U)
(a)	4250	∙∵∙	∙∙	∵∶	
(b)		∙∙	∶∶∙∙	∵∶	∵∶
(c)		∙∵∶∙		∶∙	∵∶
(d)		∙∵∶∙	∙	∶∙	∷∶
(e)		∙∙∙	∶∵∙		∙

3 Draw a table as in questions 1 and 2. Represent these numbers on your table.

(a) Five thousand eight hundred and seventy-five.
(b) Nine thousand two hundred and sixty-three.
(c) Seven thousand one hundred and five.
(d) Two thousand and ninety-eight.
(e) Four hundred and one.

4 Write what these diagrams represent in figures and also in words.

(a) 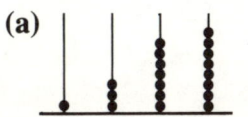   (b)    (c)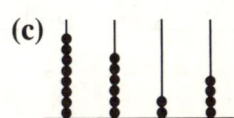

(d)    (e) 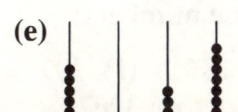   (f)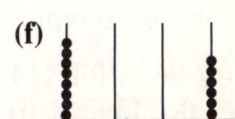

5 Write down what the number underlined shows. It will be ten thousands, thousands, hundreds, tens or units. The first one has been done for you.

(a) 6<u>5</u> (units) (b) <u>3</u>14 (c) 917<u>6</u> (d) 3<u>0</u>82 (e) 7<u>1</u> 476 (f) <u>5</u>0 839
(g) 6<u>1</u> 392 (h) 87 3<u>5</u>5 (i) <u>9</u>1 003 (j) 86 <u>4</u>00

6 Copy and complete. The first one has been done for you.

(a) Sixty-three	63	6 tens 3 units	60 + 3
(b) Ninety-five		__ tens __ units	90 + 5
(c) Two hundred and eighty-one	281	__ hundreds __ tens __ units	200 + __ + __
(d) Four hundred and seventy-six		__ hundreds __ tens __ units	__ + __ + __
(e)	968	__ hundreds __ tens __ units	__ + __ + __
(f)		1 hundred 0 tens 7 units	__ + __

7 Write these numbers in three other ways as shown in question 6.

(a) Four thousand seven hundred and thirty-two.
(b) Nine thousand one hundred and seven.
(c) Six thousand and fifty-four.
(d) Twelve thousand three hundred and eighty-five.
(e) Thirty-six thousand eight hundred and nineteen.
(f) Eighty thousand and seven.

8 △ is worth 10 crosses   □ is worth 100 crosses   ▭ is worth 1000 crosses

How many crosses are each of these worth?

(a) △△△   (b) □□□□   (c) ▭▭
(d) △△ xxx xxx   (e) □ xxxx xxxx   (f) ▭ xxxx xxxxx
(g) □△   (h) □□△△△   (i) ▭▭▭▭△
(j) ▭▭▭   (k) ▭▭▭   (l) ▭△△△
(m) □□△△ xxx xx   (n) □△△ xxxxx xxxx   (o) ▭▭▭△ xx
(p) ▭▭▭□△△ xx xx   (q) ▭▭▭▭▭△△△ xxx xx

9 Use the same four symbols to represent these numbers:

(a) 24 (b) 76 (c) 94 (d) 114 (e) 286 (f) 309 (g) 473 (h) 530
(i) 1708 (j) 666 (k) 1392 (l) 2870 (m) 3062

10 9123   A = 9000 B = 100 C = 20 D = 3
    A B C D   A + C = 9000 + 20 = 9020

Do these the same way:

3158   **(a)** What are the values of A, B, C and D?
A B C D **(b)** Calculate: (i) B + D (ii) A + B (iii) B + C + D

11 49 763   C = 700 E = 3 therefore C − E = 700 − 3 = 697
    A B C D E

(a) Calculate: (i) A − B (ii) D − E (iii) B − C (iv) A − C
(b) Write down the value of: (i) A + B (ii) A + C (iii) C + D + E

12 55 555   C = 500, D = 50 so C = 10 × 50.
    A B C D E

Copy and complete by writing the missing number:

(a) B = C × ___   **(b)** B = D × ___   **(c)** B = E × ___   **(d)** D = E × ___
(e) A = D × ___   **(f)** $\frac{A}{C}$ = ___   **(g)** $\frac{A}{E}$ = ___   **(h)** $\frac{C}{D}$ = ___   **(i)** $\frac{C}{E}$ = ___

13 33 333   Copy and complete by writing the missing letter:
    A B C D E

(a) B × 10 = ___   **(b)** E × 1000 = ___   **(c)** D × 100 = ___   **(d)** C × 10 = ___
(e) E × 100 = ___   **(f)** $\frac{A}{100}$ = ___   **(g)** $\frac{C}{10}$ = ___   **(h)** $\frac{B}{1000}$ = ___
(i) $\frac{D}{10}$ = ___   **(j)** $\frac{C}{100}$ = ___

14 *The Digit Game*
Write the ten digits 0, 1, 2, 3, 4, 5, 6, 7, 8 and 9 on separate pieces of card or paper.
Play this game with a friend.
You both draw four boxes: ☐ ☐ ☐ ☐.
The object is to make a larger number than your friend.
Turn over the first card. Suppose it is a 6. You write 6 in any of the four boxes. The next card is turned over. Suppose it is an 8. You write that in one of the three empty boxes. Play continues until four cards have been turned over and both players have filled all their boxes. The player with the larger number is the winner.
Repeat the game at least five times.

15 Ann had these numbers written: 6 ☐ 8 ☐.
The next card was a 7. Should she put 7 in the 100's box or in the 1's box? Why?

16 **(a)** Play the Digit Game but use five boxes instead of four.
(b) Play with other numbers of boxes.
(c) Change the rules so that the player with the smaller number is the winner.

ADDITION

There are many ways in which you may meet addition. Here are some of them.

78 + 89 (horizontal form)   78 (vertical form)   78 + 89 = ☐
                              +89   78 + 89 = n   (equations)

1 Try to add these in the horizontal form. Do *not* write them in the vertical form.

(a) 46 + 22   (b) 51 + 37   (c) 26 + 51   (d) 123 + 454   (e) 387 + 601
(f) 64 + 28   (g) 76 + 19   (h) 35 + 37   (i) 59 + 132   (j) 147 + 43
(k) 135 + 97   (l) 87 + 257   (m) 316 + 494 (n) 586 + 299   (o) 773 + 188

2 Re-write the exercises in question 1 in the vertical form and add them.
Which way was quicker, the horizontal or the vertical form? Which way did you make most mistakes with?
Most people find it quicker and more accurate in the vertical form unless the exercises are simple as in 1 (a) to (e).

3 Do the following additions. Re-write them vertically *if* you want to.

(a) 639 + 184   (b) 712 + 125   (c) 366 + 149   (d) 401 + 827   (e) 968 + 434
(f) 777 + 394   (g) 516 + 895   (h) 173 + 455   (i) 727 + 949   (j) 625 + 376
(k) 314 + 862 + 315   (l) 463 + 109 + 321   (m) 965 + 803 + 790
(n) 1821 + 3675 + 5921 (o) 4836 + 1179 + 6507   (p) 1144 + 8768 + 3492
(q) 3715 + 89 + 674   (r) 5372 + 3618 + 98   (s) 47 + 385 + 9925

4 Example

+	18	24
36		
17		

The rows and columns are added. Then their totals are written in the corner on the right.

+	18	24	
36	54	60	114
17	35	41	76
	89	101	190

Copy and complete:

(a)
+	34	19
45		
27		

(b)
+	67	8
25		
30		

(c)
+	46	64
16		
53		

(d)
+	86	14
9		
35		

(e)
+	28	79
15		
93		

(f)
+	99	77
11		
44		

THROWING RINGS

Ann, Carol and Brian are throwing rings on to the pegs.
Ann has ringed A, P and W.
Her score is A + P + W = 48 + 97 + 55 = 200.

1   (a) Brian ringed Q, F and S. What is his score?
    (b) Carol ringed T, D and J. What is her score?

2   Find these scores:

    (a) (i) E + S + X   (ii) P + B + N   (iii) R + C + V   (iv) G + O + T
        (v) U + H + K
    (b) (i) L + I + Q + X   (ii) P + M + A + J   (iii) N + I + B + S
        (iv) T + G + N + W

3   Ann scored N + L + B and Brian scored X + S + C.
    Who scored the most and by how much was their score the greater?

4   Carol scored Q + R. She needed 240 to win.

    (a) How many did she need to score with her third throw to get 240?
    (b) What letter did she need to ring to get exactly 240?

5 Find the missing scores and letters. Copy and complete the table.

Total score	First throw score	First throw letter	Second throw score	Second throw letter	Third throw score	Third throw letter
	68	G	49	O	76	V
	97	P		C		L
		W	45		47	
		T		M		D
198	48	A	87	X		
168	45	N	49			
259	97				84	S
257			100	I		D
212		R	97	P		
244	82	E		E		
175		T		T		
227		K		H		
176		L				L
207				M		G

SUBTRACTION

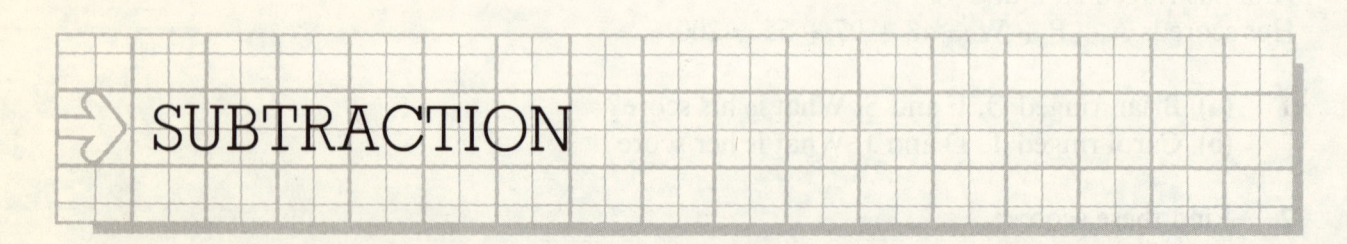

Here are some ways in which you may meet subtraction.

41 − 18 (horizontal form)   41 (vertical form)   41 − 18 = ☐
                              − 18   41 − 18 = n   (equations)
                              ─────

1 Try to subtract these in horizontal form. Do *not* write them in the vertical form.

(a) 83 − 21   (b) 96 − 30   (c) 784 − 223   (d) 856 − 506   (e) 683 − 70
(f) 54 − 16   (g) 80 − 47   (h) 613 − 148   (i) 902 − 580   (j) 745 − 195
(k) 386 − 197   (l) 601 − 235   (m) 767 − 98   (n) 503 − 417   (o) 800 − 242

21 Mr Nuttall had £2186 in his bank account. During the next month he paid into the account £54, £195, £76 and £48. In that month he drew out £162, £86 and £77.

    (a) How much did he pay in?   **(b)** How much did he draw out?
    (c) How much did he have in the bank at the end of the month?

22 The population of a village was 3042 at the start of a year. During the year 286 moved away, 29 died and 146 new inhabitants arrived.

    (a) What was the population at the end of the year?
    (b) Did the population increase or decrease? By how many?

TEN-PIN BOWLING

Ann and Brian are playing a special kind of ten-pin bowling.

1 How many is scored if all the pins are knocked down?

2 Ann knocked them all down except the 500 and a 10. How many did she score?

3 Brian scored 2350. What was the total for the pins he did not knock down?

4 Name a way of scoring 1620 by knocking down five pins.

5 Carol knocked down three pins and scored 1200. The three pins were left down and Brian then knocked down a further two pins, which scored half of Carol's score.

    (a) What pins did Carol knock down?
    (b) What pins did Brian knock down?

6 What is the highest score possible if the number of pins knocked down is

    (a) 2   (b) 3   (c) 4   (d) 5   (e) 6   (f) 7   (g) 8   (h) 9?

7 What is the lowest possible score when six pins are knocked down?

8 Ann scored 620. Brian scored twice as many as Ann. Carol scored twice as many as Brian. What was the total of their three scores?

9 Which of these scores are impossible if four pins are knocked down?

    2300   1700   570   1100   80   240

10 Ann scored x. Brian scored twice as much as Ann ($2x$), Carol scored three times as much as Ann ($3x$).

    (a) What was their total score in terms of x?
    (b) Their total score was 2400. How many did each of them score?

11 Ann, Brian and Carol had a total score of 3000.
Brian scored 100 more than Ann. Carol scored 200 less than Brian.
How many did they each score?

(*If* you want to use Algebra let x = Ann's score. Write down Brian's and Carol's scores in terms of x. Add them and the total must equal 3000.)

MULTIPLICATION

1

⊙	One four	1×4	4
⊙ ⊙	Two fours	2×4	$4 + 4 = 8$
⊙ ⊙ ⊙	Three fours	3×4	$4 + 4 + 4 = 12$
⊙ ⊙ ⊙ ⊙	Four fours	4×4	$4 + 4 + 4 + 4 = 16$
⊙ ⊙ ⊙ ⊙ ⊙	Five fours	5×4	$4 + 4 + 4 + 4 + 4 = 20$

Write out the rest of the tables of four up to ten fours.
Use the ones above as a guide.

2 Build up the tables for 3, 5 and 7 in the same way as you did in question 1.

3 The multiplication tables are given on page 116. Any that you are not sure of should be written out as shown in question 1.

When you have learned them ask a friend to test you with these:

7×8	9×5	4×3	9×6	7×2	5×3	8×4	2×1	10×2	5×10
8×10	3×8	4×4	2×10	4×8	9×4	2×9	1×10	6×4	2×3
3×5	1×3	5×1	10×1	6×10	1×5	3×9	10×9	8×9	7×6
4×9	3×1	10×6	2×2	6×2	9×7	10×7	6×9	4×5	4×7
6×8	7×5	5×6	4×10	6×3	2×6	2×4	7×9	10×8	8×6
5×2	7×4	7×10	3×2	3×3	8×2	5×9	6×7	1×2	2×5
5×7	2×7	10×5	2×8	9×9	3×6	10×4	4×2	9×1	4×1
3×4	8×7	7×1	10×10	8×5	9×8	3×7	7×7	9×10	4×6
8×3	1×1	3×10	6×6	5×4	6×5	9×2	7×3	8×1	10×3
6×1	1×4	5×5	1×8	9×3	1×7	8×8	1×6	1×9	5×8

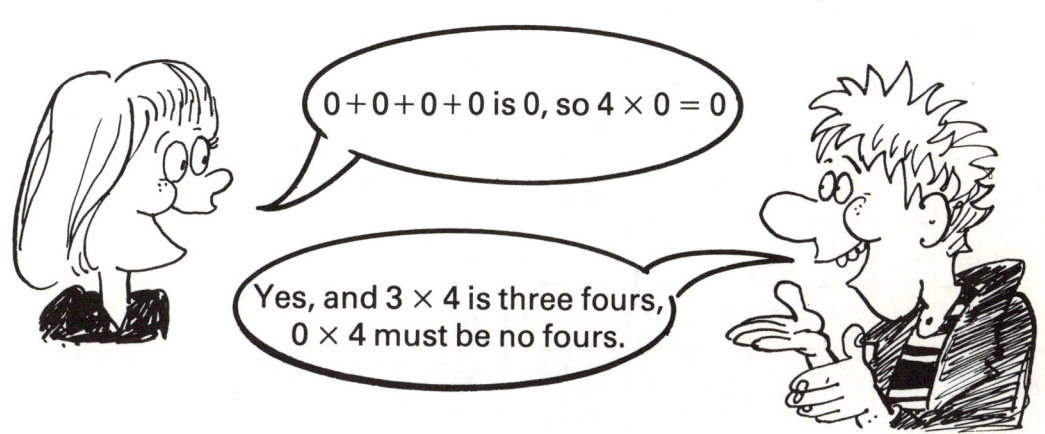

$0+0+0+0$ is 0, so $4 \times 0 = 0$

Yes, and 3×4 is three fours, 0×4 must be no fours.

When numbers are multiplied together and one of them is zero (0) the answer is zero.

4 Even if you did well on question 3 you can improve on your speed.
$2 \times 8 = 16$ so 16 is written in the 2 row under the 8.
Check the other two entries on the table:
$4 \times 10 = 40$ $5 \times 3 = 15$. Copy and complete the table.

(a)
×	8	10	3
2	16		
4		40	
5			15

Now try these:

(b)
×	5	1	7
6			
9			
4			

(c)
×	6	2	0
10			
3			
1			

(d)
×	4	9	2
7			
2			
0			

(e)
×	8	0	5
8			
0			
5			

(f)
×	3		
1			9
		6	10
10			

(g)
×	7		
7			42
		27	
	7	9	

(h)
×			
6			0
5		20	
	8	16	0

(i)
×		3	
	25		30
	15	9	
			36

5

1	2	3	4	5	6	7	8	9	10
11	12	13	14	15	16	17	18	19	20
21	22	23	24	25	26	27	28	29	30
31	32	33	34	35	36	37	38	39	40
41	42	43	44	45	46	47	48	49	50
51	52	53	54	55	56	57	58	59	60
61	62	63	64	65	66	67	68	69	70
71	72	73	74	75	76	77	78	79	80
81	82	83	84	85	86	87	88	89	90
91	92	93	94	95	96	97	98	99	100

You need a 100 square.
Shade square 4 lightly in pencil.
Add 4 and you get 8 or 2 × 4.
Shade 8. Add 4 and you get 12.
Shade 12. Carry on up to 4 × 25, that is 100.
The numbers you have shaded are all called multiples of four.
Any number, multiplied by 4, gives a multiple of 4.

6 Use the same 100 square and ring round all of the multiples of 8 up to 96.
These will be 8, 16, 24, 32, ………. 88, 96.
The dots ………. show there are some numbers missing.

7 (a) How many multiples of 4 are there on the 100 square?
(b) How many multiples of 8 are there between 1 and 100?
(c) List the multiples of 4 that are *not* multiples of 8.
(d) Are there any multiples of 8 that are *not* multiples of 4?

8 1 × 3 = 3   2 × 3 = 6   3 × 3 = 9   4 × 3 = 12
       5 × 3 = 15   6 × 3 = 18   7 × 3 = 21   8 × 3 = 24
3, 6, 9, 12, 15, 18, 21 and 24 are multiples of 3.

(a) Write down all of the multiples of 3 up to 100.
Shade in the multiples of 3 on a 100 square.
(b) On the same 100 square, ring round all of the multiples of 5. List them.
(c) List the numbers that are shaded and also ringed. They are multiples of both 3 and 5.

9

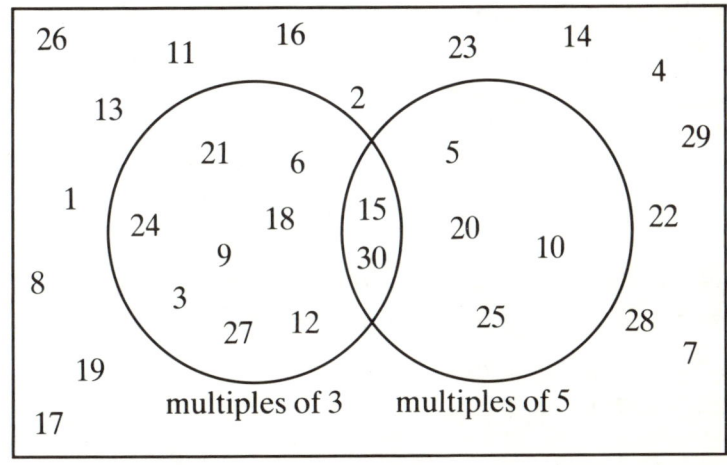

10 You need another 100 square. Shade the multiples of 6 (6, 12, 18, ... 96). **Ring round the multiples of 9.**

   (a) Which of the numbers are multiples of both 6 and 9?
   (b) Draw a Venn diagram to show multiples of 6 and 9, also the numbers that are not multiples of either 6 or 9. (Use question 9 as a guide.)

11 Six threes $3 + 3 + 3 + 3 + 3 + 3 = 6 \times 3 = 18$. Three sixes $6 + 6 + 6 = 3 \times 6 = 18$.
   Five twos $2 + 2 + 2 + 2 + 2 = 5 \times 2 = 10$. Two fives $5 + 5 = 2 \times 5 = 10$.

   Check by addition or from the multiplication tables that these are equal:

   Four sevens and seven fours.   Eight nines and nine eights.

   Ten ones and one ten.   Six fives and five sixes.

   2×9 and 9×2. 7×3 and 3×7. 9×4 and 4×9. 10×6 and 6×10.

Two numbers are multiplied together. **Example** $7 \times 8 = 56$.
Change the order of the numbers and the answer is the same. $8 \times 7 = 56$.
This is true for any two numbers.

12 Two branches with three twigs on each. 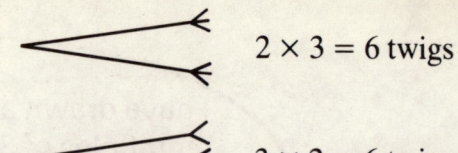 2 × 3 = 6 twigs

Three branches with two twigs on each. 3 × 2 = 6 twigs

Draw twigs and branches to show:
(a) 4 × 3 = 3 × 4 (b) 6 × 2 = 2 × 6 (c) 7 × 5 = 5 × 7.
Work out the answers in each case.

13

You don't need twigs and branches. I just use dots. You can see that three twos (3 × 2) is the same as two threes (2 × 3).

Use Carol's method to answer question 12(a), (b) and (c).

14 2 × 40 = 40 + 40 = 80.   3 × 50 = 50 + 50 + 50 = 150.
2 × 4 = 4 + 4 = 8.   3 × 5 = 5 + 5 + 5 = 15.

6 × 70 = 70 + 70 + 70 + 70 + 70 + 70 = 420.
6 × 7 = 7 + 7 + 7 + 7 + 7 + 7 = 42.

I can see a pattern here. 9 × 8 = 72 so 9 × 80 = 720. If you don't believe me you can add nine 80's and you will get 720.

Copy and complete these:

(a) 7 × 50   9 × 30   2 × 60   8 × 40   1 × 70   5 × 50   6 × 90   4 × 30   3 × 80

(b) 70   40   90   10   80   20   60   30   50
    × 2   × 9   × 5   × 7   × 8   × 3   × 4   × 6   × 1
    ___   ___   ___   ___   ___   ___   ___   ___   ___

(c) ☐ × 60 = 300   ☐ × 70 = 560   ☐ × 40 = 240   3 × ☐ = 90   7 × ☐ = 140

15 Calculate: 80 × 3   90 × 3   20 × 9   50 × 8   10 × 6   40 × 1   60 × 7   30 × 3
                  20 × 6   70 × 7   10 × 3   80 × 2   30 × 8   90 × 1   40 × 5   60 × 4

16

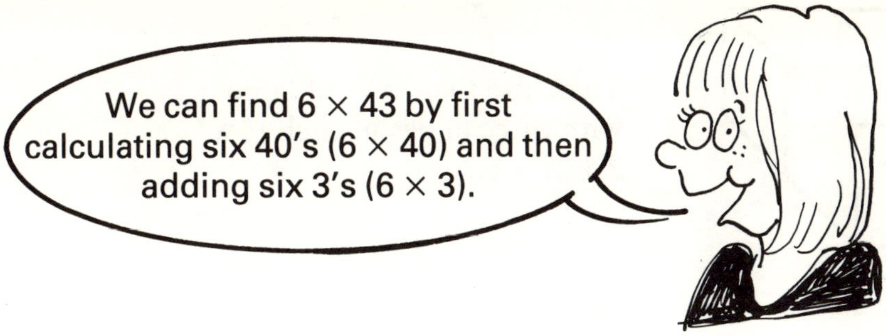

We can find 6 × 43 by first calculating six 40's (6 × 40) and then adding six 3's (6 × 3).

```
     43
  ×   6
   240  (6 × 40)
    18  (6 × 3)
   ───
   258
```

Use Ann's method to calculate these:

```
   78      54      92      65      31      83      97
 ×  5    ×  8    ×  2    ×  6    ×  4    ×  9    ×  1
 ────    ────    ────    ────    ────    ────    ────


   40      18      53      26      37      19      32
 ×  7    ×  3    ×  5    ×  9    ×  7    ×  8    ×  6
 ────    ────    ────    ────    ────    ────    ────
```

15 × 9   36 × 2   84 × 6   23 × 7   49 × 5   75 × 3   82 × 8   96 × 4   53 × 1

17

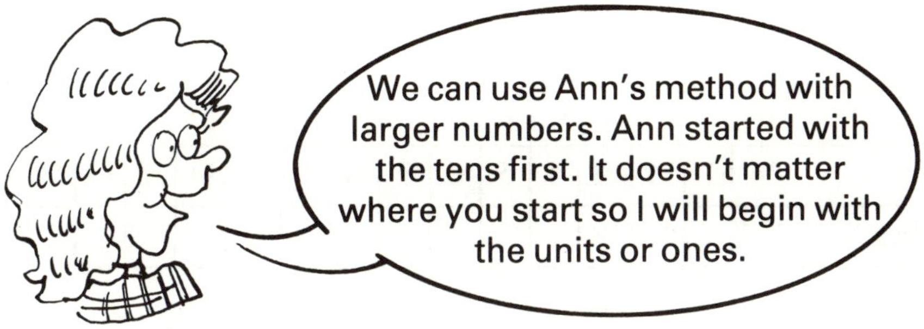

We can use Ann's method with larger numbers. Ann started with the tens first. It doesn't matter where you start so I will begin with the units or ones.

```
     347
  ×    8
      56  (8 × 7)
     320  (8 × 40)
    2400  (8 × 300)
    ────
    2776
```

Use Carol's method to calculate: 146 × 5   291 × 7   375 × 6   873 × 4

18

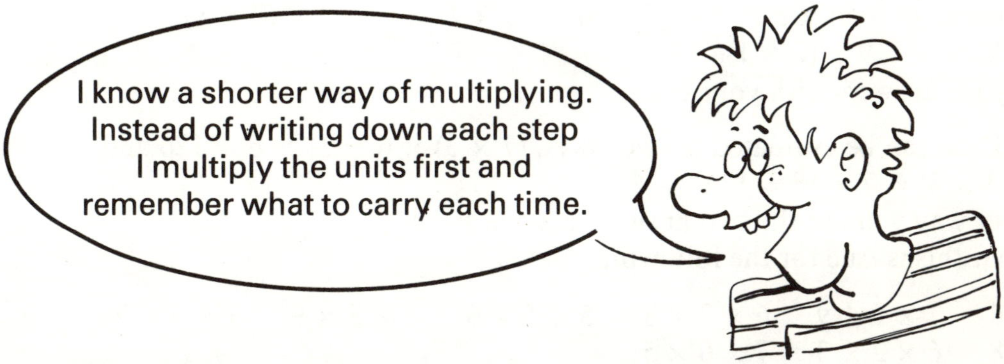

I know a shorter way of multiplying. Instead of writing down each step I multiply the units first and remember what to carry each time.

```
    496
  ×   7
   3472
```

If you are not sure of Brian's method ask your teacher to explain it.
Use any method you like to multiply these:

662 × 2   568 × 9   734 × 8   153 × 3   297 × 5   384 × 7   126 × 6   950 × 5
870 × 4   760 × 8   320 × 6   603 × 2   501 × 9   406 × 7   800 × 5   400 × 3

19

There are two rows of cubes with three cubes in each row.
2 × 3 = 6.

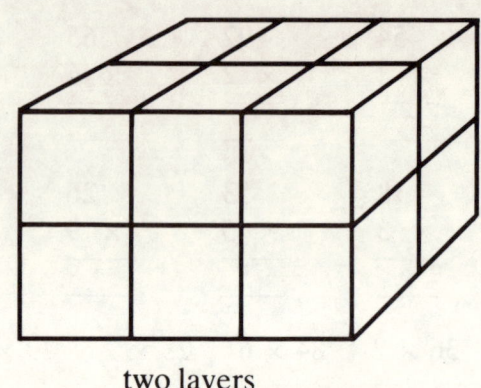

One layer has 6 cubes.
Two layers will have 12 cubes.
Three layers will have 18 cubes.

two layers

Copy and complete this table:

Number of layers	1	2	3	4	5	6	7	8	9	10	11	12	13	14	15
Total number of cubes	6	12	18												

20 Brackets show which part of a calculation must be worked out first.
In question 19 we first multiplied 2 × 3. Then if there were 5 layers we multiplied 2 × 3 by 5. (2 × 3) × 5 = 6 × 5 = 30.
This gives the same answer as 2 × (3 × 5) = 2 × 15 = 30.

(a) Calculate: (4 × 6) × 5   4 × (6 × 5)   (3 × 7) × 8   3 × (7 × 8).
   (9 × 2) × 1   9 × (2 × 1).
Discuss your answers with your teacher.

(b) 7 × 3 × 6 can be evaluated in two ways. (7 × 3) × 6 = 21 × 6 = 126 and
   7 × (3 × 6) = 7 × 18 = 126.
Whichever way you use the two answers are the same.
Check that this is true for the following:

8 × 3 × 4   7 × 5 × 9   6 × 2 × 8   5 × 5 × 6   1 × 8 × 9   3 × 6 × 7
2 × 8 × 8   6 × 2 × 3   7 × 0 × 5

21 20 × 80 = 20 × (8 × 10) = (20 × 8) × 10 = 160 × 10 = 1600. Ann used this method to get these answers: 30 × 50 = 1500.   60 × 90 = 5400.   70 × 20 = 1400.
Can you see an easy way of finding the answers?
Use the easy way to answer these: 20 × 40   30 × 80   90 × 50   60 × 70   40 × 60

22 Here are two ways of multiplying 43 × 26.

Method A	Method B
26	26
× 43	× 43
1040 (40 × 26)	78 (3 × 26)
78 (3 × 26)	1040 (40 × 26)
1118	1118

Use Method A or Method B to do these multiplications:

54	76	84	13	89	50	41
×18	×34	×62	×65	×93	×37	×58

79	64	93	26	52	48	37
×23	×95	×16	×70	×49	×46	×39

83 × 37   54 × 76   21 × 78   93 × 92   84 × 37   65 × 35   44 × 62   68 × 86

23 Methods A and B can be used to multiply larger numbers, also. The following examples use Method A, but keep to whichever way you prefer, in your own work.

123	3872
× 68	× 54
7380 (60 × 123)	193600 (50 × 3872)
984 (8 × 123)	15488 (4 × 3872)
8364	209088

Multiply:

348	429	561	234
× 32	× 65	× 84	× 19

783	6423	8764	9205
× 46	× 71	× 57	× 37

569 × 34   619 × 83   818 × 75   922 × 66   216 × 62   738 × 49   4536 × 83

24 Try these harder questions. Ask your teacher if you need help.

362 × 761   427 × 981   342 × 785   984 × 658   542 × 717   660 × 453
4375 × 624   1529 × 560   3452 × 785   6779 × 414   7204 × 502   8732 × 890

25 *Puzzle practice*
Look very carefully at the example that has been worked out for you. Ask for help if you need it.

×	6	8
7	42	56
2	12	16

98
+
28

54 + 72   (126)

```
  42        56        7 + 2 = 9         6 + 8 = 14
× 16      × 12             9 × 14 = 126
────      ────
 420       560
 252       112
────      ────
 672       672
```

Copy and complete:

(a)
×	10	9
6	60	
5		

114
+

110 + ◯

```
  60        54        6 + 5 =          10 + 9 =
×           ×
────       ────
```

(b)
×	2	4
5		
9		

×	5	6
3		
8		

×	8	9
1		
8		

×	3	7
4		
7		

DIVISION

There are two sorts of division, *sharing* and *grouping*.

This is sharing: when 12 sweets are shared between 2 people they each get 6.

This is grouping: I have 12 sweets and I eat 2 each day. They will last for 6 days.

In both cases we write $\frac{12}{2} = 6$ or $12 \div 2 = 6$.

1 3 people share 15 books equally. How many books will each get? (Sharing)

2 4 girls share 20 magazines equally. How many will each girl get? (Sharing)

3 Pupils are arranged in groups of 6. How many groups can be formed if there are 48 pupils? (Grouping)

4 George has 30 envelopes and writes 5 letters each week.
   For how many weeks will the envelopes last? (Grouping)

5 (a) $\dfrac{48}{6}$ (b) $\dfrac{20}{2}$ (c) $\dfrac{28}{7}$ (d) $\dfrac{36}{9}$ (e) $\dfrac{45}{5}$ (f) $\dfrac{21}{3}$ (g) $\dfrac{32}{4}$ (h) $\dfrac{54}{6}$

6 (a) $24 \div 4$ (b) $60 \div 6$ (c) $64 \div 8$ (d) $14 \div 2$ (e) $42 \div 7$ (f) $27 \div 9$

7 (a) $\dfrac{86}{2}$ (b) $\dfrac{91}{7}$ (c) $\dfrac{126}{9}$ (d) $\dfrac{105}{5}$ (e) $\dfrac{84}{3}$ (f) $\dfrac{136}{8}$ (g) $\dfrac{96}{4}$ (h) $\dfrac{138}{6}$

8 (a) $135 \div 5$ (b) $168 \div 3$ (c) $171 \div 9$ (d) $144 \div 6$ (e) $132 \div 4$ (f) $152 \div 8$
   (g) $316 \div 2$ (h) $294 \div 7$ (i) $324 \div 6$ (j) $219 \div 1$ (k) $378 \div 9$ (l) $201 \div 3$

9 (a) $1232 \div 8$ (b) $2424 \div 6$ (c) $3177 \div 9$ (d) $8360 \div 5$ (e) $2408 \div 7$

10 (a) $\dfrac{4158}{3}$ (b) $\dfrac{5152}{7}$ (c) $\dfrac{3976}{4}$ (d) $\dfrac{5216}{8}$ (e) $\dfrac{7608}{2}$ (f) $\dfrac{8304}{6}$

11 Divide 5292 by 6.

12 Divide 8271 by 9.

13 (a) Divide 4737 into 3 equal parts   (b) Divide 3875 into 5 equal parts.

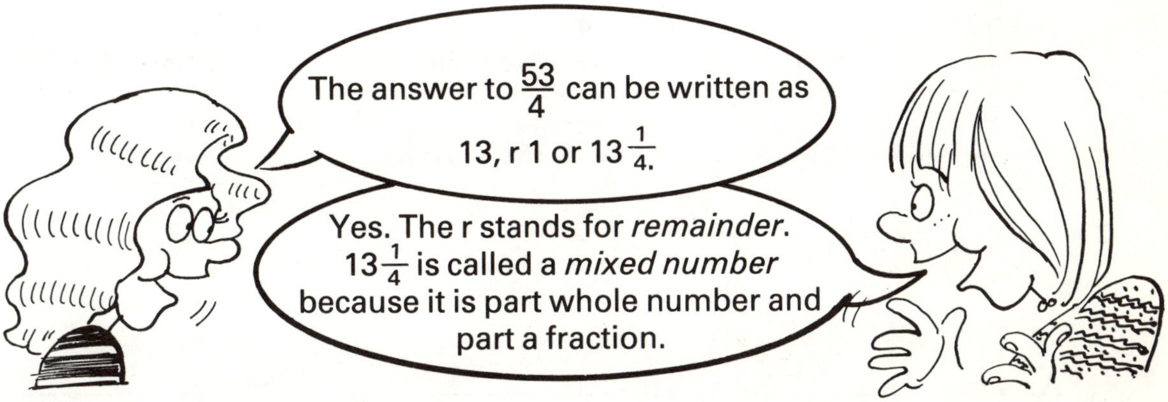

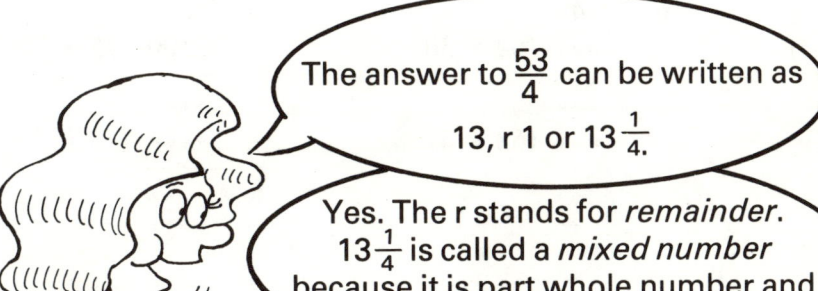

The answer to $\dfrac{53}{4}$ can be written as 13, r 1 or $13\dfrac{1}{4}$.

Yes. The r stands for *remainder*. $13\dfrac{1}{4}$ is called a *mixed number* because it is part whole number and part a fraction.

14 Write these answers with remainders:
   (a) $\dfrac{26}{5}$ (b) $\dfrac{19}{2}$ (c) $\dfrac{37}{7}$ (d) $\dfrac{104}{9}$ (e) $\dfrac{112}{6}$ (f) $\dfrac{230}{3}$ (g) $\dfrac{417}{8}$ (h) $\dfrac{319}{4}$
   (i) $500 \div 7$ (j) $283 \div 5$ (k) $721 \div 2$ (l) $803 \div 6$ (m) $412 \div 9$

15 Write the answers as mixed numbers:

(a) $\dfrac{101}{6}$ (b) $\dfrac{87}{2}$ (c) $\dfrac{184}{3}$ (d) $\dfrac{280}{9}$ (e) $\dfrac{371}{4}$ (f) $\dfrac{259}{8}$ (g) $\dfrac{623}{5}$ (h) $\dfrac{482}{7}$

(i) $3418 \div 7$ (j) $2386 \div 9$ (k) $1964 \div 3$ (l) $4617 \div 7$ (m) $5807 \div 6$

16 Write the answers with remainders if they do not divide exactly:

(a) $240 \div 3$ (b) $165 \div 4$ (c) $217 \div 7$ (d) $864 \div 8$ (e) $719 \div 5$ (f) $817 \div 3$

(g) $9\overline{)1473}$ (h) $8\overline{)6131}$ (i) $5\overline{)9242}$ (j) $2\overline{)2898}$ (k) $6\overline{)4000}$ (l) $7\overline{)3123}$

> Division can be done by repeated subtraction. $4256 \div 27$ is 157, r 17.

$$\begin{array}{r} 7 \\ 50 \\ 100 \end{array}\Big\} 157$$

$$27\overline{)4256}$$
$$-2700 \quad (27 \times 100)$$
$$\overline{1556}$$
$$-1350 \quad (27 \times 50)$$
$$\overline{206}$$
$$-189 \quad (27 \times 7)$$
$$\overline{17}$$

> You can use a shorter way once you are sure you know the method.

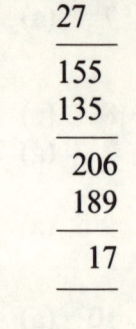

$$\begin{array}{r} 157 \\ 27\overline{)4256} \\ 27 \\ \overline{155} \\ 135 \\ \overline{206} \\ 189 \\ \overline{17} \end{array}$$

17 Copy and complete. Each * represents a missing digit.

(a)
$$\begin{array}{r} * \\ 10 \\ 200 \end{array}\Big\} ***$$
$$43\overline{)9124}$$
$$8600 \quad (43 \times 200)$$
$$\overline{***}$$
$$*** \quad (43 \times 10)$$
$$\overline{94}$$
$$** \quad (43 \times 2)$$
$$\overline{*}$$

Answer _____

(b)
$$\begin{array}{r} 4 \\ 30 \end{array}\Big\} **$$
$$62\overline{)2149}$$
$$**** \quad (62 \times 30)$$
$$\overline{***}$$
$$*** \quad (62 \times 4)$$
$$\overline{**}$$

Answer _____

(c)
$$\begin{array}{r} 50 \\ 700 \end{array}\Big\} ***$$
$$75\overline{)56304}$$
$$52500 \quad (75 \times 700)$$
$$\overline{****}$$
$$**** \quad (75 \times 50)$$
$$\overline{**}$$

Answer _____

18 Use either Ann's or Brian's method:

(a) $437 \div 14$ (b) $729 \div 13$ (c) $601 \div 17$ (d) $803 \div 18$ (e) $792 \div 16$
(f) $984 \div 24$ (g) $732 \div 28$ (h) $504 \div 33$ (i) $628 \div 37$ (j) $523 \div 39$
(k) $8132 \div 46$ (l) $5631 \div 49$ (m) $7289 \div 53$ (n) $9013 \div 62$ (o) $8625 \div 67$
(p) $23\,274 \div 74$ (q) $14\,831 \div 77$ (r) $66\,279 \div 86$ (s) $15\,381 \div 92$

19 **Example** 5, 8 and 40 are related. $5 \times 8 = 40$ $40 \div 5 = 8$ $40 \div 8 = 5$.
Write three equations for each of these number trios:

(a) 9, 7, 63   (b) 10, 6, 60   (c) 12, 8, 96   (d) 20, 10, 200   (e) 30, 20, 600
(f) 14, 16, 224   (g) 15, 22, 330   (h) 9, 73, 657   (i) 50, 36, 1800

20 Find the missing number in each equation. Then write two other equations as in question 19.

(a) $5 \times 9 = \_\_$ (b) $7 \times \_\_ = 42$ (c) $\_\_ \times 10 = 90$ (d) $14 \times \_\_ = 42$
(e) $\_\_ \times 18 = 126$ (f) $30 \times \_\_ = 540$ (g) $\_\_ \times 26 = 312$ (h) $45 \times \_\_ = 855$

21 Copy and complete this table. The first one has been done for you.

A	20	19	7	30		26	75	83	42	16		
B	12	8			10	5	13	24	37		27	44
A × B	240		77	360	200	125				2268	1328	1026	1276

22 Copy and complete these puzzles. You will need to divide as well as multiply.

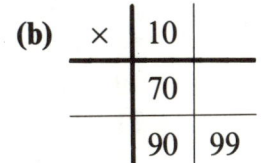

(a)
×	6	9
4	24	
	30	

(b)
×		10
	70	
	90	99

(c)
×		30
	150	225
		135

(d)
×		
24	144	
	186	248

(e)
×		
		56
9	54	72

(f)
×		23
8	136	
	187	

(g)
×		
5	20	30
		42

(h)
×		
	14	16
	21	24

23 Bulbs are planted in rows of 24. How many rows are needed if there are 1824 bulbs?

24 A sheep requires 95 square metres of grazing land.
How many sheep can be grazed on 15 865 square metres?

25 A book has 67 letters on each row. How many rows would be needed for 2412 letters?

26 A man reads at a speed of 12 words per second. At this speed how long would it take him to read 6816 words?

27 Toffees are packed into bags containing 24 toffees in each. How many bags could be filled from a box containing 4000 toffees? How many would be left over?

28 A headmaster wishes to form classes with 31 pupils in each. How many complete classes would he have to form if there were 1987 pupils? How many pupils would be left?

29 A book has 64 pages. How many such books could be made if 29 000 pages are available? How many pages would remain?

23

CROSS-NUMBER PUZZLES

Make two copies of the puzzle on squared paper. Solve the Across clues and then the Down clues needed to complete these cross-number puzzles. Use the other Down clues to check your work.

1 Across

- **1** 5952 ÷ 12
- **4** 1683 ÷ 99
- **6** 6902 ÷ 34
- **7** 2158 ÷ 26
- **8** 8177 ÷ 13
- **10** 8037 ÷ 141
- **12** 2294 ÷ 37
- **13** 1134 ÷ 27
- **14** 6555 ÷ 19
- **17** 9450 ÷ 30
- **19** 11 900 ÷ 238
- **20** 2607 ÷ 33
- **21** 5706 ÷ 9
- **22** 4278 ÷ 93
- **23** 4608 ÷ 64

Down

- **1** 6848 ÷ 16
- **2** 7740 ÷ 86
- **3** 6996 ÷ 11
- **4** 3874 ÷ 26
- **5** 6873 ÷ 29
- **7** 23 856 ÷ 28
- **9** 11 502 ÷ 54
- **11** 5747 ÷ 7
- **12** 5395 ÷ 83
- **13** 5668 ÷ 13
- **15** 4608 ÷ 96
- **16** 8216 ÷ 79
- **18** 4608 ÷ 8
- **19** 3498 ÷ 66
- **21** 3844 ÷ 62

2 Across

- **1** 6576 ÷ 48
- **4** 2425 ÷ 97
- **6** 28 968 ÷ 71
- **7** 1691 ÷ 89
- **8** 7812 ÷ 62
- **10** 2365 ÷ 55
- **12** 1445 ÷ 17
- **13** 1599 ÷ 39
- **14** 5558 ÷ 14
- **17** 11 309 ÷ 43
- **19** 7826 ÷ 86
- **20** 3082 ÷ 67
- **21** 15 318 ÷ 74
- **22** 3795 ÷ 69
- **23** 1368 ÷ 18

Down

- **1** 3718 ÷ 26
- **2** 1950 ÷ 65
- **3** 7029 ÷ 9
- **4** 4416 ÷ 16
- **5** 9083 ÷ 31
- **7** 6090 ÷ 42
- **9** 5887 ÷ 29
- **11** 2528 ÷ 8
- **12** 4959 ÷ 57
- **13** 4642 ÷ 11
- **15** 7154 ÷ 73
- **16** 8340 ÷ 20
- **18** 11 385 ÷ 33
- **19** 7830 ÷ 87
- **21** 2418 ÷ 93

WILL IT DIVIDE?

1

Will it divide by 2? Just see if it ends in 0, 2, 4, 6 or 8.

That means 3 871 649 532 476 will divide by 2. That's much easier than having to divide.

First use the method Ann suggests. Then divide by 2 as a check.

(a) 387 (b) 749 (c) 3824 (d) 9615 (e) 6661 (f) 8790 (g) 3000
(h) 14 387 (i) 21 794 (j) 83 211 (k) 79 614 (l) 83 715 (m) 33 837

2

Will it divide by 3? Add the digits. If the result divides by 3, then so will the number you started with.

Here is an example: 5839
5 + 8 + 3 + 9 = 25
25 does not divide exactly by 3 so 5839 is not divisible by 3.

Use Brian's method. Then divide by 3 as a check.

(a) 741 (b) 382 (c) 2961 (d) 8159 (e) 3276 (f) 40 372 (g) 81 523
(h) 21 632 (i) 18 794 (j) 31 620 (k) 57 343 (l) 96 182 (m) 46 396

3

Will it divide by 6? 6 = 2 × 3 so we could test for division by 2 and by 3. It must satisfy both tests.

4632. This ends in 2 so it is divisible by 2.
4 + 6 + 3 + 2 = 15 and this is divisible by 3. It satisfies both tests so it must divide exactly by 6.

Use Carol's method. Then divide by 6 as a check.

(a) 143 (b) 688 (c) 594 (d) 7500 (e) 8304 (f) 26 706 (g) 38 421
(h) 71 204 (i) 81 626 (j) 94 380 (k) 26 614 (l) 46 218 (m) 90 034

4

Will it divide by 4? Just see if the number formed by the last two digits is divisible by 4.

Let's try 3 779 648. 48 is divisible by 4 so the answer is 'yes'.

Use Ann's method. Then divide by 4 as a check.

(a) 6378 (b) 5146 (c) 8310 (d) 9622 (e) 1402 (f) 9138 (g) 2172
(h) 21 036 (i) 19 218 (j) 46 392 (k) 71 410 (l) 83 604 (m) 79 212

5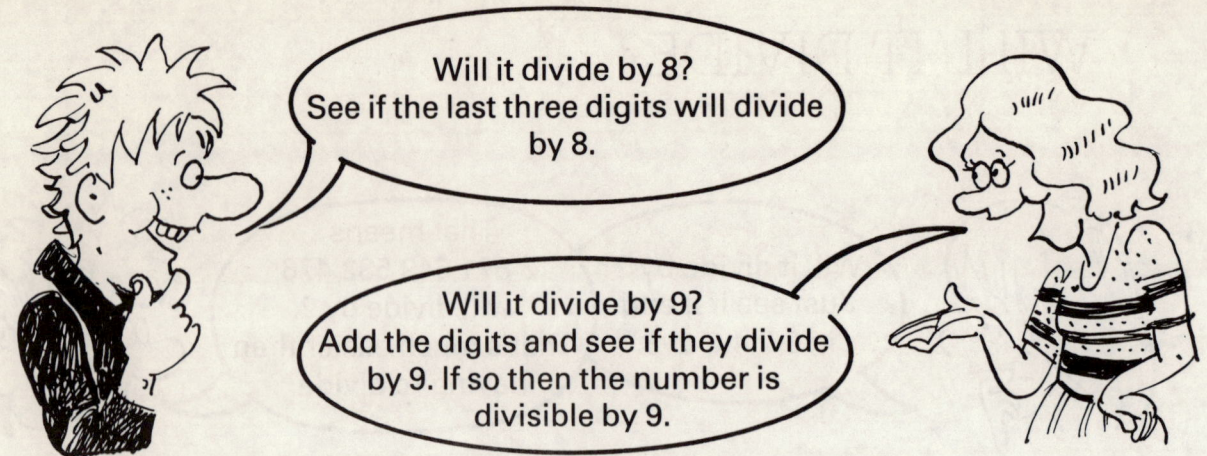

Use Brian's method. Then divide by 8 as a check.

(a) 4464   (b) 8390   (c) 2268   (d) 51 600   (e) 38 286   (f) 61 234
(g) 91 280   (h) 20 268   (i) 51 322   (j) 71 032   (k) 31 650   (l) 41 694

6 Use Carol's method to see which of the numbers in question 5 are divisible by 9. Check the first four by dividing by 9.

7 For divisibility by 5 the last digit must be 5 or 0. For divisibility by 10 the last digit must be 0.
Which of these numbers are divisible by 5?

(a) 375   (b) 2800   (c) 7132   (d) 8615   (e) 12 004   (f) 55 550   (g) 11 236
(h) 71 940   (i) 31 247   (j) 81 692   (k) 31 400   (l) 62 935   (m) 92 365

8 Which of the numbers in question 7 are divisible by 10?

9 To be divisible by 12 a number must satisfy the tests for divisibility by 3 and 4. Which of these numbers are divisible by 12? Check the first three by dividing them by 12.

(a) 6396   (b) 2194   (c) 25 008   (d) 21 924   (e) 31 630   (f) 11 462
(g) 24 936   (h) 52 869   (i) 61 368   (j) 92 580   (k) 23 976   (l) 81 344

10 A check for 7 also works for 11 and 13.

Example 1 316 259. Split the number into groups of 3 digits, starting from the right: 1 316 259. Put in − and + signs starting from the left: 1 − 316 + 259. This simplifies to −56. Ignore the − sign. 56 does divide by 7 so 1 316 259 is divisible by 7. 56 does not divide by 11 or 13 so 1 316 259 is not divisible by 11 or 13.

Check these numbers for divisibility by 7, 11 and 13. Divide the first two by these three numbers to check your answer.

(a) 916 234   (b) 431 200   (c) 712 140   (d) 553 217   (e) 893 893   (f) 5 363 358
(g) 2 366 936   (h) 8 140 951   (i) 43 502 998

11 Test these numbers for divisibility by 2, 3, 4, 5, 6, 7, 8, 9, 10, 11, 12 and 13:

(a) 3840   (b) 9963   (c) 21 581   (d) 72 396   (e) 81 769   (f) 21 034

ODD AND EVEN NUMBERS

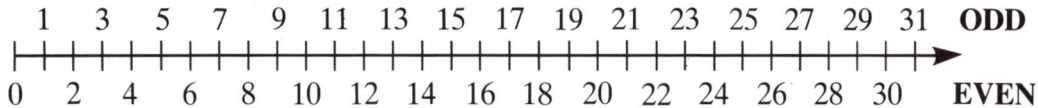

Odd numbers can be put into 2's with 1 always being left over.
Even numbers can be put into 2's without any being left over.

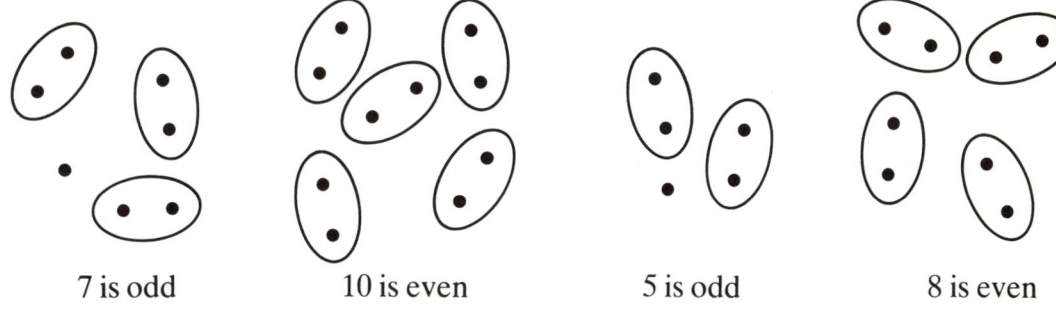

7 is odd   10 is even   5 is odd   8 is even

1   **(a)** List the odd numbers.   **(b)** List the even numbers.

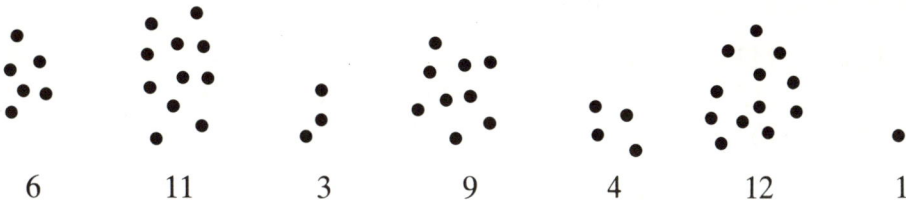

6   11   3   9   4   12   1

2   Shade all of the odd numbers on a 100 square.
Ring round all of the even numbers.

(a) How many odd numbers are there in each row?
(b) How many even numbers are there in each row?
(c) How many odd numbers are there on the square?
(d) How many even numbers?
Discuss the pattern with your teacher.

1	2	3	4	5	6	7	8	9	10
11	12	13	14	15	16	17	18	19	20
21	22	23	24	25	26	27	28	29	30
31	32	33	34	35	36	37	38	39	40
41	42	43	44	45	46	47	48	49	50
51	52	53	54	55	56	57	58	59	60
61	62	63	64	65	66	67	68	69	70
71	72	73	74	75	76	77	78	79	80
81	82	83	84	85	86	87	88	89	90
91	92	93	94	95	96	97	98	99	100

3 *Division test*
Divide a number by 2.
If the remainder is 1 the number is *odd*.
If there is no remainder the number is *even*.

```
         13, rem 1          28
      2)27               2)56
      27 is odd          56 is even.
```

List **(a)** the odd numbers, **(b)** the even numbers, from among the following:

```
12   33   147   282   99    164   770   615   71   693   646   987   438
111  62   500   743   627   330   235   814   19   906   355   558   777
```

4

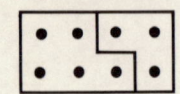 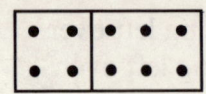 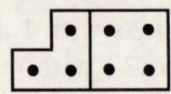

```
   5 + 3 = 8              4 + 6 = 10             3 + 4 = 7
odd + odd = even     even + even = even     odd + even = odd
```

Check that the above facts are true for these pairs of numbers:

9 + 13   7 + 18   16 + 23   19 + 27   8 + 17   21 + 5   14 + 12   10 + 20   11 + 13

5 All even numbers end in 0, 2, 4, 6 or 8. All odd numbers end in 1, 3, 5, 7 or 9. Check that the statements above are true for all of the numbers you have met on this page.

6 Use the method in question 5 to find which numbers are odd and which are even. Check your answers by dividing each number by 2.

```
60     86    124    743    869    755    534    157    785
841    660   931    712    453    184    906    345    456
1872   6873  2856   8767   9128   6139   7000   5671   7132
```

7

If you double any number, odd or even, I think the answer is always even.

(a) Double these odd numbers to test Ann's rule:

13   27   31   47   85   91   59   147   239   311   655   2317   6845

(b) Double these even numbers to test Ann's rule:

34   62   88   70   56   20   96   212   624   718   932   6730   1354

(c) Can you see why Ann's rule always works?
Discuss your answer with your teacher.

8

If you subtract an odd number from an even one the answer will always be odd.
38 − 11 = 27 In this case, even − odd = odd.

(a) Copy and complete these equations and see if Brian's rule works:

16 − 7 =   28 − 9 =   144 − 83 =   432 − 135 =   576 − 369 =
200 − 5 =   488 − 33 =   854 − 421 =   852 − 643 =   940 − 217 =

(b) Test Brian's rule for other odd numbers subtracted from even numbers. Does Brian's rule always work? Discuss this with your teacher.

9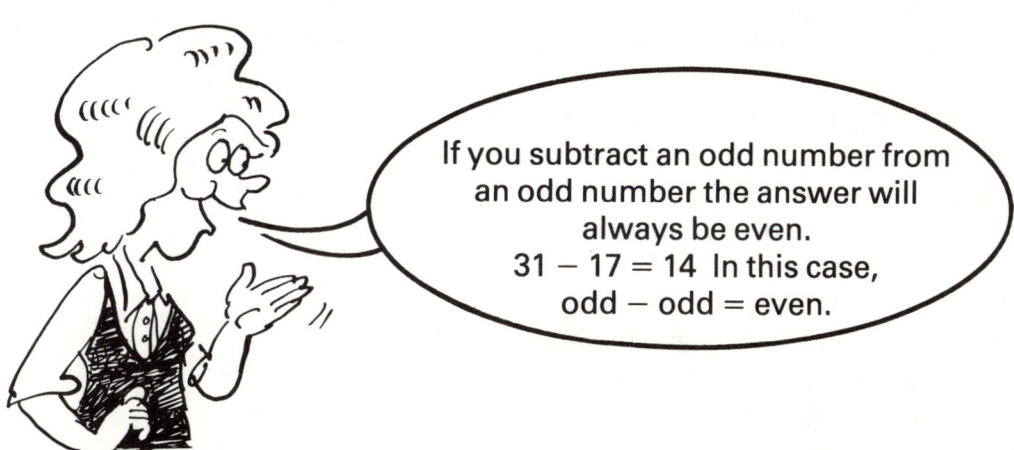

If you subtract an odd number from an odd number the answer will always be even.
31 − 17 = 14 In this case, odd − odd = even.

(a) Copy and complete these equations and see if Carol's rule works:

43 − 13 =   71 − 47 =   165 − 49 =   567 − 325 =   239 − 161 =
575 − 99 =   237 − 153 =   761 − 579 =   877 − 349 =   541 − 457 =

(b) Test Carol's rule for other pairs of odd numbers. Does Carol's rule always work? Discuss this with your teacher.

10 38 − 16 = 22   40 − 12 = 28   142 − 28 = 114   260 − 150 = 110
Subtract other pairs of even numbers. Will the answers always be even? Discuss this with your teacher.

DIGITS

0, 1, 2, 3, 4, 5, 6, 7, 8, 9

1. Write 5, 7 and 6 on separate pieces of card or paper.

   (a) Arrange the three digits to make a number that is divisible by 5.
   (b) Use all three cards and make two numbers that are even.
   (c) Write down the four odd numbers you can make using all three cards.

2. (a) List the six 3-digit numbers you can make with 5, 7 and 6.
   (b) Check that all six of them are divisible by 3.
   (c) Are they all divisible by 9?
   (d) Which of the six numbers are divisible by 7?

3. (a) Add the six 3-digit numbers obtained in 2(a).
   Divide the total by 36. The answer should be 111.
   (b) Carol wondered why the answer was 111.
   Ann and Brian helped her.
   How many ones, or units, are there? (36)
   How many tens are there, before you add the 3 from the units? (36)
   How many hundreds are there, before you add the ones from the tens column? (36)
   There are 36 hundreds, 36 tens and 36 ones. That is 36(100 + 10 + 1) or 36 × 111.
   (c) Check that the sum of the six numbers is 36 × 111.
   (d) Check that it is divisible by 36 and by 111.

4. Write down *any* three-digit number. Rearrange the digits in any order you like. Find the difference between the two numbers.
   It will be divisible by 9. Check that this works with at least three other 3-digit numbers.

5. Subtract the smallest number you can make with three digits from the largest number you can make with those digits. The result is divisible by both 9 and 11. Check that this works with at least three other 3-digit numbers.

30

ADDITION AND SUBTRACTION

Each star * represents a digit (0, 1, 2, 3, 4, 5, 6, 7, 8, 9).
Find the missing digits:

1 (a) 47 (b) 73 (c) ** (d) ** (e) 29 (f) 26 (g) 45
      +32   +22   +14   +20   +**   +**   +**
      ──   ──   ──   ──   ──   ──   ──
      **   **   55   76   61   80   92

2 (a) 46 (b) ** (c) 3* (d) *1 (e) *7 (f) 4* (g) *2
      +**   +27   +*7   +3*   +2*   +*3   +4*
      ──   ──   ──   ──   ──   ──   ──
      93   80   76   55   92   62   60

3 (a) 76 (b) 25 (c) ** (d) 67 (e) ** (f) 72 (g) **
      −21   −**   −25   −42   −34   −**   −20
      ──   ──   ──   ──   ──   ──   ──
      **   11   12   **   14   50   62

4 (a) 83 (b) 40 (c) 74 (d) 91 (e) ** (f) ** (g) **
      −29   −12   −**   −**   −14   −45   −61
      ──   ──   ──   ──   ──   ──   ──
      **   **   28   47   36   17   20

5 (a) 2** (b) *83 (c) 382 (d) 50* (e) 4*2 (f) 915 (g) 8*6
      +*49   +4**   +*4*   −1*6   −10*   −3*8   −42*
      ───   ───   ───   ───   ───   ───   ───
      768   612   7*6   *64   305   *4*   *87

6 (a) 24 + 1* = 39   (b) 83 + 18 = ***   (c) 1* + 34 = *9   (d) *3 + 4* = 64

9

7   (a) 60 − ∗∗ = 11   (b) 4∗ − 15 = ∗6   (c) 39 − ∗6 = 1∗   (d) 50 − 2∗ = ∗3

8   3∗ is added to 14 and the answer is ∗6.

9   4∗∗ is added to ∗59 and the answer is 620.

10 1∗4 is subtracted from 38∗ and the answer is ∗92.

11 12∗ is subtracted from 4∗4 and the answer is ∗19.

In these problems (12 to 22) you can add, subtract or else do both.

12 Copy and complete, writing the missing signs in the box:
    (a) 43 □ 6 = 49   (b) 90 □ 12 = 78   (c) 32 □ 8 □ 12 = 36   (d) 15 □ 4 □ 9 = 20
    (e) 83 □ 17 □ 24 = 76   (f) 100 □ 36 □ 35 = 99   (g) 214 □ 19 □ 2 = 193
    (h) 362 □ 135 □ 2 = 499   (i) 806 □ 77 □ 79 = 808.

13 Tom had 82 marbles and lost 17 of them. How many did he then have?

14 Mary had 38 books and her sister had 29. How many did they have altogether?

15 There were 362 passengers in a train. 84 got out and 67 got in. How many passengers were then in the train?

16 A poultry farmer had 1876 chickens. He sold 239 of them and bought 96 at a market. How many chickens did he then have?

17 Mr Logan had £385 and his wife had £470.

    (a) How much more than her husband did Mrs Logan have?
    (b) What was the total amount they had?

18 A factory made the following number of bicycles in a week:

Monday	Tuesday	Wednesday	Thursday	Friday	Saturday
468	670	590	437	711	168

    (a) How many did they make in the week?
    (b) Find the difference between the numbers made on Friday and on Saturday.
    (c) The target for the week was 3200. How many short of this target were they?

19 A book had 248 pages and a boy had read 80 of them. He then read 19 more.

    (a) How many pages had he read?   (b) How many more pages had he to read?

20 A market gardener plants 4000 lettuces. 642 are eaten by insects and birds and he wastes 290 when pulling up ones that are too close together.

    (a) How many lettuces are still growing?
    (b) He expects to sell 2500. How many plants would then remain?

2 Rewrite the exercises in question 1 in the vertical form and subtract them.
   Which way was quicker, the horizontal or the vertical form? Which way did you make most mistakes with?
   Most people find it quicker and more accurate in the vertical form unless the exercises are simple as in 1(a) to (e).

3 Do the following subtractions. Rewrite them vertically *if* you want to.

(a) 70 − 29   (b) 62 − 34   (c) 347 − 83   (d) 562 − 76   (e) 107 − 47
(f) 715 − 362   (g) 604 − 120   (h) 941 − 213   (i) 446 − 139   (j) 822 − 182
(k) 437 − 189   (l) 213 − 168   (m) 700 − 162   (n) 524 − 177   (o) 305 − 228
(p) 3817 − 1498   (q) 6034 − 2374   (r) 8609 − 7810   (s) 3000 − 1275
(t) 21 341 − 18 293   (u) 62 134 − 28 178   (v) 40 657 − 13 555

4 Check your answers like this:

```
  71
 −28  ⟶ Add these two numbers:   28
 ───                             +43
  43                             ───
                                  71 ← This is the
                                       number you
                                       subtracted from.
```

Subtract and then check by addition as shown above:

(a) 132   (b) 400   (c) 314   (d) 783   (e) 602   (f) 866
   − 46   −197   − 85   −484   −155   −397

(g) 4123   (h) 9160   (i) 4162   (j) 81 034   (k) 50 130   (l) 71 905
   −1872   −3428   − 896   −19 628   −49 627   −36 476

5 Copy and complete this table:

	Number to subtract from							
	312	416	480	625	843	1000	1204	1700
7								
42								
50								
98								
200								

Numbers to be subtracted

CROSS-NUMBER PUZZLES

Make two copies of this puzzle on squared paper. Solve the Across clues then the Down clues needed to complete the cross-number puzzles. Use the other Down clues to check your work.

1	Across	Down	2	Across	Down
	1 78 − 19	**1** 700 − 182		**1** 200 − 129	**1** 1000 − 255
	3 100 − 14	**2** 500 − 406		**3** 316 − 222	**2** 82 − 69
	5 3128 − 3085	**4** 912 − 272		**5** 740 − 675	**4** 2222 − 1809
	7 819 − 672	**5** 210 − 164		**7** 1256 − 818	**5** 201 − 139
	9 100 − 39	**6** 744 − 432		**9** 1200 − 1177	**6** 623 − 86
	10 4160 − 2057	**8** 8104 − 894		**10** 4000 − 2462	**8** 9634 − 1534
	13 860 − 443	**11** 8272 − 8095		**13** 633 − 127	**11** 1375 − 813
	14 1000 − 931	**12** 2184 − 1817		**14** 302 − 211	**12** 2963 − 2071
	16 501 − 394	**13** 2677 − 2264		**16** 815 − 513	**13** 577 − 47
	17 942 − 228	**15** 3707 − 2795		**17** 1461 − 1208	**15** 300 − 144
	19 411 − 348	**18** 1000 − 517		**19** 466 − 386	**18** 1400 − 1055
	21 81 − 53	**19** 1111 − 468		**21** 722 − 658	**19** 900 − 26
	22 4025 − 1757	**20** 4360 − 4000		**22** 4036 − 2295	**20** 3182 − 2934
	25 900 − 867	**23** 150 − 129		**25** 922 − 879	**23** 820 − 749
	26 2174 − 1138	**24** 301 − 218		**26** 6000 − 4170	**24** 150 − 137

8

FAMOUS PEOPLE

Find the numbers that the letters stand for. Copy the boxes below and write each letter in the box that has your answer above it. Your answers should give the name of a famous person.

1 (i) $963 + 887 = \boxed{A}$ (ii) $1783 + 2975 = \boxed{S}$ (iii) $284 - 95 = \boxed{T}$
(iv) $1000 - 142 = \boxed{H}$ (v) $38 \times 17 = \boxed{M}$ (vi) $26 \times 44 = \boxed{R}$ (vii) $532 \div 14 = \boxed{J}$
(viii) $281 + \boxed{E} = 359$ (ix) $615 - \boxed{O} = 362$ (x) $\boxed{I} \times 12 = 564$

A vet

38	1850	646	78	4758		858	78	1144	1144	47	253	189
☐	☐	☐	☐	☐		☐	☐	☐	☐	☐	☐	☐

2 (i) $3333 - 987 = \boxed{T}$ (ii) $888 + 976 = \boxed{G}$ (iii) $256 \div 16 = \boxed{C}$
(iv) $183 \times 46 = \boxed{E}$ (v) $83 \times \boxed{M} = 1411$ (vi) $2100 - \boxed{H} = 1821$
(vii) $238 \div \boxed{A} = 2$ (viii) $\boxed{R} + 82 = 311$

A politician

17 119 229 1864 119 229 8418 2346   2346 279 119 2346 16 279 8418 229
☐ ☐ ☐ ☐ ☐ ☐ ☐ ☐   ☐ ☐ ☐ ☐ ☐ ☐ ☐ ☐

3 (i) $671 - 146 = \boxed{L}$ (ii) $\boxed{A} + 92 = 2011$ (iii) $16 \times 34 = \boxed{Q}$ (iv) $860 \div 43 = \boxed{B}$
(v) $24 + 85 + 17 = \boxed{N}$ (vi) $300 - 12 - 71 = \boxed{H}$ (vii) $9 \times 40 \times 6 = \boxed{T}$
(viii) $300 \div \boxed{Z} = 12$ (ix) $9 \times 8 \times 73 = \boxed{U}$ (x) $50 + \boxed{I} + 23 = 92$
(xi) $\frac{3}{4}$ of $76 = \boxed{E}$

Lives in Buckingham Palace

544 5256 57 57 126   57 525 19 25 1919 20 57 2160 217
☐ ☐ ☐ ☐ ☐   ☐ ☐ ☐ ☐ ☐ ☐ ☐ ☐ ☐

4 (i) $12 \times \boxed{L} = 288$ (ii) $\boxed{R} \div 9 = 225$ (iii) $\boxed{G} + 189 = 500$ (iv) $276 - \boxed{H} = 199$
(v) $18 + 29 + \boxed{T} = 100$ (vi) $\frac{1}{4}$ of $276 = \boxed{D}$ (vii) $588 \div 7 = \boxed{A}$
(viii) $\frac{1}{10}$ of $6780 = \boxed{E}$ (ix) $2 \times \boxed{F} \times 8 = 128$

He burnt the cakes

84 24 8 2025 678 69   53 77 678   311 2025 678 84 53
☐ ☐ ☐ ☐ ☐ ☐   ☐ ☐ ☐   ☐ ☐ ☐ ☐ ☐

PROGRESS CHECK 1

1 Write the number that this shows

    (a) in figures   **(b)** in words.

2 What number does the 4 stand for in 1 341 862?

3 ☐ represents **1000**, ☐ 100, △ 10 and × 1

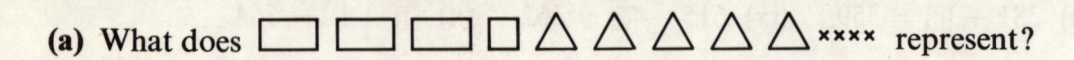

    (a) What does ☐☐☐☐△△△△△×××× represent?

    (b) Use the symbols to represent two thousand three hundred and seven.

4   6 8 3 2 4   Write down and simplify the value of
     A B C D E   **(a)** B + D   **(b)** B ÷ E   **(c)** 4 × C   **(d)** A − (2 × B)

5   7 7 7 7 7   Write down the missing letter **(a)** C × 100 = ___
     A B C D E   **(b)** $\dfrac{B}{1000}$ = ___   **(c)** $\dfrac{A}{10}$ = ___   **(d)** E × 10 000 = ___

6 Using all three digits 3, 8 and 7 make: **(a)** Four odd numbers
     (b) two even numbers   **(c)** two multiples of six.

7 Subtract: **(a)** 387 − 198   **(b)** 2036 − 843   **(c)** 7000 − 2135.

8 Copy and complete:

    (a)

+	9	
16		
	30	46

    (b)

−	29	
76		39
	16	

9 Using any three of the numbers 84, 27, 96, 75, 47, 59:

    (a) find the greatest possible total
    (b) find the least possible total
    (c) find the difference between the totals in (a) and (b).

10 Add: **(a)** 143 + 7894 + 29   **(b)** 467 + 92 + 3887

11 Find the missing digits:

    (a)   38   **(b)**   1**   **(c)**   6*1   **(d)**   *36
         +*4   +*37   −24*   −14*
          5*   332   *74   4*0

12 Copy and complete. Write in the missing signs $(+, -, \times$ or $\div)$:

   (a) 28 ☐ 3 = 25   (b) 70 ☐ 13 ☐ 12 = 69   (c) 9 ☐ 4 ☐ 2 = 34

13 A boy had 58 marbles. He lost 23 in one game and then won 27. How many marbles did he then have?

14 A farmer had 680 chickens. He sold 293 of them and bought 172. How many chickens did he then have?

15 There were 1861 pupils in a school. 236 left and 317 new pupils were enrolled. How many pupils were then in the school?

16 Multiply: (a) 67×9 (b) 83×6 (c) 492×7 (d) $8 \times 7 \times 12$
(e) $19 \times 4 \times 26$ (f) 56×23 (g) 89×74 (h) 204×63 (i) 1926×17.

17 Divide. Leave the answer in remainder form if it does not divide exactly.

   (a) $56 \div 2$ (b) $87 \div 3$ (c) $245 \div 5$ (d) $133 \div 7$ (e) $252 \div 9$
   (f) $1382 \div 17$ (g) $2018 \div 29$ (h) $6275 \div 41$ (i) $9184 \div 86$ (j) $3028 \div 54$.

18 A storeman has 2837 boxes to pack into crates. Each crate holds 16 boxes.

   (a) How many crates can be filled?   (b) How many boxes will be left over?

19 14 sheep are in each pen at a market. There are 39 full pens and one pen with 6 sheep in it. How many sheep are there?

20 Which of these numbers are odd? 73, 92, 101, 379, 116, 570.

21 What is the test for divisibility by 4?

22 Use all four digits 8, 3, 1, 5.

   (a) Make a number that is divisible by 35.
   (*Hint* it must be divisible by 7 and also by 5.)
   (b) It is impossible to arrange the four digits to make a number that is divisible by 9. How can we show this without having to do a lot of division?

23 Copy and complete:

(a)
×	2	4	
7		42	
5		30	
	24	48	(72)

(b)
×	3	5	
9			
10			
	57		( )

(c)
×	6	8	
13			
17			
		240	( )

2 WHOLE NUMBERS AND FRACTIONS

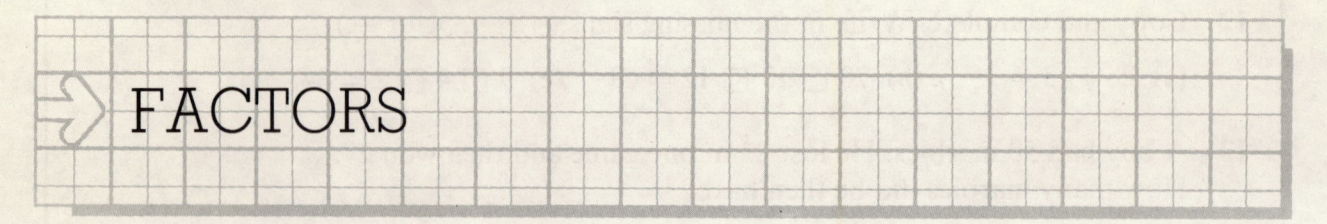

FACTORS

$3 \times 7 = 21$. 3 and 7 are factors of 21.
$1 \times 21 = 21$, so 1 and 21 are also factors of 21.
The factors of 21 are 1, 3, 7 and 21.

1 Find the missing factor:

(a) $6 \times \underline{} = 48$ (b) $12 \times \underline{} = 120$ (c) $18 \times \underline{} = 54$ (d) $9 \times \underline{} = 99$
(e) $\underline{} \times 8 = 120$ (f) $\underline{} \times 14 = 70$ (g) $\underline{} \times 19 = 380$ (h) $\underline{} \times 7 = 126$
(i) $12 \times \underline{} = 168$ (j) $30 \times \underline{} = 450$ (k) $\underline{} \times 11 = 341$ (l) $\underline{} \times 10 = 1000$

2 Find the missing factors:

(a) (i) $1 \times \underline{} = 12$ (ii) $4 \times \underline{} = 12$ (iii) $2 \times \underline{} = 12$
(b) Use your result from question 2(a) to write down the six factors of 12.

3 Find the missing factors:

(a) (i) $1 \times \underline{} = 24$ (ii) $2 \times \underline{} = 24$ (iii) $3 \times \underline{} = 24$ (iv) $4 \times \underline{} = 24$
(b) Write down the eight factors of 24
(c) Check that 24 is divisible by each of the eight factors.

4 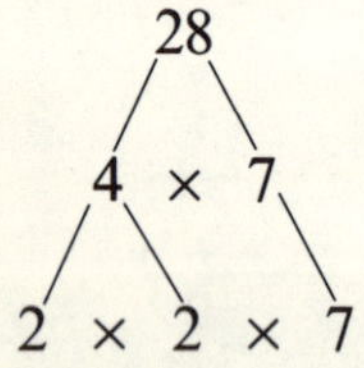
```
      28
     /  \
    4 ×  7
   / \
  2 × 2 × 7
```
$28 = 2 \times 2 \times 7$

This is called a *factor tree*. It shows $28 = 4 \times 7 = 2 \times 2 \times 7$.
The numbers in the bottom row cannot be made any smaller without using 1. They are called *prime factors*.

Copy and complete:

(a) 54 — $6 \times \square$, $\square \times 3 \times \square \times \square$, $54 = \square \times 3 \times \square \times \square$

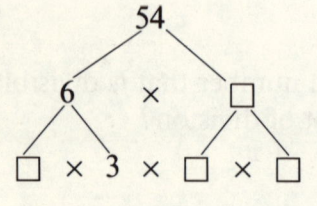

(b) 60 — $10 \times \square$, $\square \times \square \times \square \times 3$, $60 = \square \times \square \times \square \times 3$

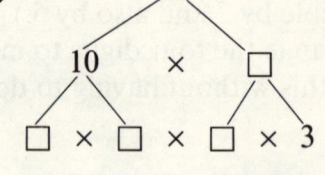

(c) 84 — $4 \times \square$, $2 \times \square \times 3 \times \square$, $84 = 2 \times \square \times \square \times \square$

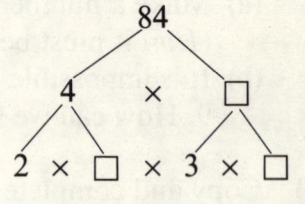

(d) 45 — $\square \times \square$, $3 \times \square \times \square$

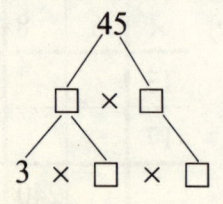

(e) 56 — $7 \times \square$, $7 \times 2 \times \square$, $\square \times \square \times 2 \times \square$

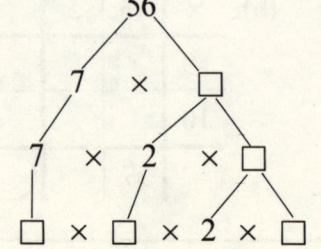

(f) 72 — $12 \times \square$, $\square \times 3 \times \square \times \square$, $\square \times \square \times 3 \times \square \times \square$

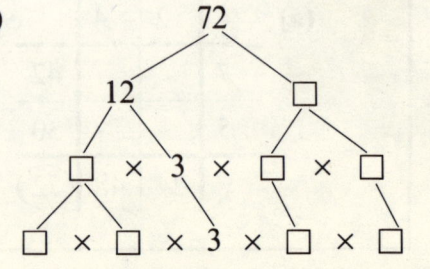

5 Find all of the factors:

(a) 10 (b) 8 (c) 15 (d) 17 (e) 20 (f) 22 (g) 25 (h) 30 (i) 35

6 A number is always divisible by its factors. Use this property to find which of the following numbers are factors of 80.

1, 2, 5, 7, 8, 9, 10, 12, 15, 18, 20, 24, 28, 30, 40, 60, 80

7 Write these numbers as the product of prime factors. Use factor trees as in question 5.

(a) 12 (b) 27 (c) 38 (d) 42 (e) 78 (f) 52 (g) 96 (h) 65

8 Factors can be found by repeated division.

Example Find the prime factors of 48.
Divide by 2 as often as you can, then by 3, 5, 7, 11 and other numbers that cannot be split into factors other than 1 and the number itself.

$$\begin{array}{r} 3 \\ 2\overline{)6} \\ 2\overline{)12} \\ 2\overline{)24} \\ 2\overline{)48} \end{array}$$ $48 = 2 \times 2 \times 2 \times 2 \times 3$

Use the division method to write these numbers as the product of prime factors:

(a) 14 (b) 32 (c) 40 (d) 45 (e) 55 (f) 76 (g) 88 (h) 90 (i) 100

9 The factors of 42 are 1, 2, 3, 6, 7, 14, 21 and 42.
The factors of 35 are 1, 5, 7 and 35.
1 and 7 are factors of both numbers. They are called *common factors*.
Find the common factors for each pair of numbers:

(a) 12, 15 (b) 20, 28 (c) 30, 42 (d) 60, 45 (e) 100, 80 (f) 24, 40
(g) 62, 93 (h) 222, 36 (i) 18, 14 (j) 48, 60 (k) 72, 18 (l) 54, 63

10 The common factors of 36 and 48 are 1, 2, 3, 4, 6 and 12.
12 is the highest of these and is called the *Highest Common Factor*, or HCF.
Find the HCF of each pair:

(a) 12, 18 (b) 60, 80 (c) 56, 21 (d) 44, 66 (e) 100, 75 (f) 48, 64
(g) 70, 55 (h) 144, 60 (i) 17, 34 (j) 57, 38 (k) 18, 90 (l) 72, 108

11 $A = 2 \times 2 \times 3$ $B = 3 \times 3 \times 5$ $C = 2 \times 3 \times 7 \times 7$ $D = 2 \times 5 \times 7 \times 7$
Leave your answers in index form.

(a) Find the common factors of: (i) A and C, (ii) B and C, (iii) A and D.
(b) Find the HCF of: (i) A and C, (ii) C and D, (iii) B and D.

12 (a) A gardener had 240 cabbage plants and wanted 8 or more in each row. Each row was to have the same number of plants in it.
Find the possible numbers he could plant in a row.
(b) He was then given 360 lettuces and wished to plant them with the same number in a row as the cabbages had.
What were now the possible numbers that could be planted in a row?
(c) He decided to plant the biggest number he could from the possibilities in (b).
How many rows of cabbages would there then be and how many rows of lettuces?

PRIME NUMBERS

A prime number has two factors, 1 and the number itself. 7, 13 and 17 are examples of prime numbers.

1 is not a prime number as it doesn't have two factors.

1 Which of these numbers are prime?

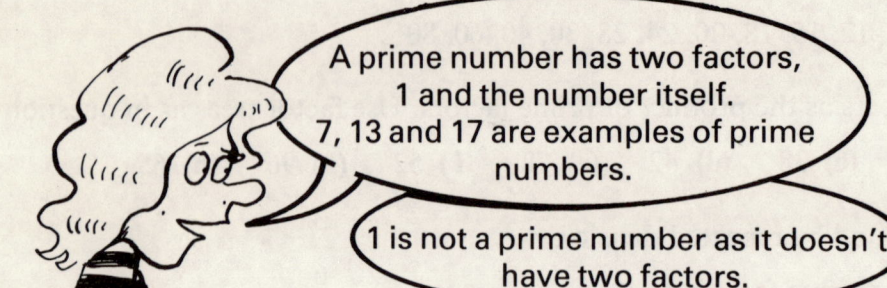

2, 6, 9, 11, 17, 21, 37, 43, 49, 57, 61, 63, 77, 81, 87, 91, 97

2 The Greek mathematician Eratosthenes found a way of finding prime numbers. It is called the Sieve of Eratosthenes. We will use it to find the prime numbers up to 100. Draw a 100 square as shown.

1	2	3	4	5	6	7	8	9	10
11	12	13	14	15	16	17	18	19	20
21	22	23	24	25	26	27	28	29	30
31	32	33	34	35	36	37	38	39	40
41	42	43	44	45	46	47	48	49	50
51	52	53	54	55	56	57	58	59	60
61	62	63	64	65	66	67	68	69	70
71	72	73	74	75	76	77	78	79	80
81	82	83	84	85	86	87	88	89	90
91	92	93	94	95	96	97	98	99	100

(i) First shade in 1 as it is not prime.
(ii) Leave 2 but shade in all multiples of 2 (4, 6, 8, 10, 12, ... etc).
(iii) The next number is 3 so leave 3 and shade in all the multiples of 3 (6, 9, 12, 15, 18, ... etc).
(iv) The next number that is not shaded is 5. Leave 5 and shade in all multiples of 5 (5, 10, 15, 20, ... etc).
(v) Carry on in this way for other numbers that are not shaded. Those remaining unshaded at the end are the prime numbers up to 100. (You only need to go up to 10.)

3 Which prime number is even?

4 Are all odd numbers prime?

5 You can prove a number is *not* prime by finding factors other than 1 and the number itself. The tests of divisibility will prove useful. Find whether or not these numbers are prime:

(a) 387   **(b)** 461   **(c)** 593   **(d)** 867   **(e)** 1439   **(f)** 4109

ROMAN NUMERALS

I	V	X	L	C	D	M
one	five	ten	fifty	hundred	five hundred	thousand

Normally the numbers are added: XXVI = 10 + 10 + 5 + 1 = 26.
A smaller numeral on the left is subtracted: CM = 1000 − 100 = 900
1, 2, 3, 4, 5, 6, 7, 8, 9 and 10 are called *Arabic numerals*.

1 Write these in Arabic numerals:

(a) VIII (b) XXX (c) XII (d) LI (e) CCCV (f) MMC (g) DX
(h) LXII (i) IV (j) IL (k) XC (l) VL (m) CM (n) XIX (o) XXIV
(p) CCXXIX (q) CXXI (r) CML (s) MMM (t) DCXL (u) CLIV
(v) MCMI (w) MDCCL

2 Write these as Roman numerals:

(a) 14 (b) 19 (c) 23 (d) 49 (e) 54 (f) 81 (g) 92 (h) 95 (i) 101
(j) 125 (k) 150 (l) 161 (m) 240 (n) 330 (o) 400 (p) 510 (q) 670
(r) 834 (s) 900 (t) 1100 (u) 1500 (v) 1628 (w) 1900 (x) 1935
(y) 1981

3 Find the year when these people were born and when they died.
Write their ages when they died, in Roman numerals.

(a) Queen Victoria: born MDCCCXIX, died MCMI
(b) Horatio Nelson: born MDCCLVIII, died MDCCCV
(c) William Shakespeare: born MDLXIV, died MDCXVI
(d) Christopher Columbus: born MCDLI, died MDVI
(e) Albert Einstein: born MDCCCLXXIX, died MCMLV
(f) Alfred the Great: born DCCCIL, died DCCCIC
(g) Dick Turpin: born MDCCV, died MDCCXXXIV
(h) William the Conqueror: born MXXVII, died MLXXXVII
(i) Mohammed: born DLXX, died DCXXXII
(j) Florence Nightingale: born MDCCCXX, died MCMX

4 Write these in Roman numerals:

(a) your age
(b) the number of children in your class
(c) the date when you were born (day, month and year)
(d) the year of the Battle of Hastings
(e) the number of this page
(f) today's date (day, month and year)
(g) three dozen
(h) the unlucky number.

NUMBER PATTERNS

Copy and complete by providing the missing numbers:

1. 89 90 91 92 __ __ __ __ __ __ __ __ __ __

2. 206 205 204 203 __ __ __ __ __ __ __ __ __ __

3. 36 38 40 42 __ __ __ __ __ __ __ __ __ __

4. 83 81 79 77 __ __ __ __ __ __ __ __ __ __

5. 14 20 26 32 __ __ __ __ __ __ __ __ __ __

6. 271 265 259 253 __ __ __ __ __ __ __ __ __ __

7. 63 74 85 96 __ __ __ __ __ __ __ __ __ __

8. 334 323 312 301 __ __ __ __ __ __ __ __ __ __

9. 32 39 __ __ __ 67 __ __ __ __ __ __ __ __

10. 470 458 __ __ __ 410 __ __ __ __ __ __ __ __

11. 43 __ __ __ 63 __ __ 78 __ __ __ __

12. 5 __ __ __ 61 __ 89 __ __ __

13. 2 4 8 16 __ __ __ __ __ __

14. 1 3 9 27 __ __ __ __ __

15. 1 4 9 16 __ __ __ __ __ __

16. 1 2 4 7 11 __ __ __ __ __

17. 3 4 6 9 13 __ __ __ __ __

18. 7 10 14 19 25 __ __ __ __ __

19. 8 9 11 14 15 17 20 __ __ __ __
    (*Hint*: find the difference between the successive terms.)

20. 31 32 34 37 38 40 43 __ __ __ __

21. 420 419 417 414 413 411 408 __ __ __ __

22
$$11 \times 11 = 121$$
$$111 \times 111 = 12\,321$$
$$1111 \times 1111 = 1\,234\,321$$
$$11\,111 \times 11\,111 =$$
$$111\,111 \times 111\,111 =$$
$$1\,111\,111 \times 1\,111\,111 =$$

(a) Check the three calculations that have been completed.
(b) Multiply 11 111 by 11 111.
(c) From your results write down the next two answers without actually multiplying. Check by multiplication if you feel energetic.
(d) Continue the products up to 111 111 111 × 111 111 111.

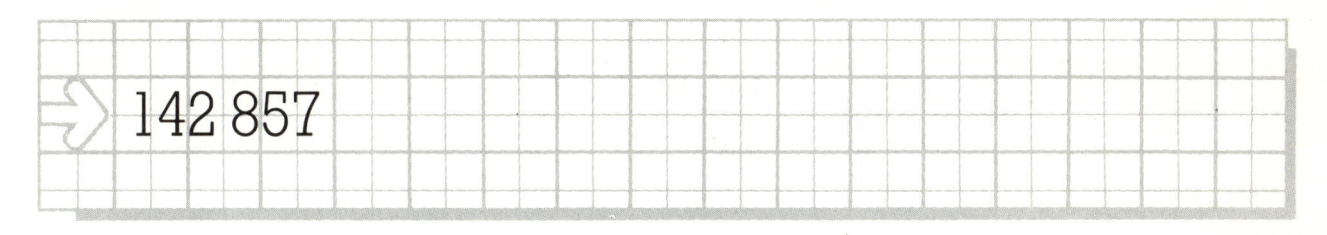

→ 142 857

1 Divide 1 000 000 by 7. You should get the magic number 142 857 with a remainder of 1. Divide these numbers by 7:

(a) 10 000 000   **(b)** 100 000 000   **(c)** 1 000 000 000

2 1 4 2 8 5 7 × 1 = 1 4 2 8 5 7   Complete the multiplication
  1 4 2 8 5 7 × 2 = 2 8 5 7 ☐ ☐   **(a)** What do you notice about the digits in
  1 4 2 8 5 7 × 3 = 4 ☐ ☐ ☐ ☐ ☐   each of your answers?
  1 4 2 8 5 7 × 4 = 5 ☐ ☐ ☐ ☐ ☐   **(b)** What do you notice about the digits in
  1 4 2 8 5 7 × 5 = 7 ☐ ☐ ☐ ☐ ☐   each of the columns formed by your
  1 4 2 8 5 7 × 6 = 8 ☐ ☐ ☐ ☐ ☐   answers?

(c) See whether the pattern continues when you multiply by 7.

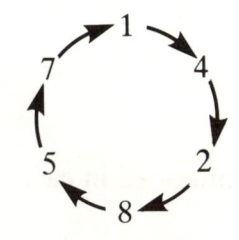

3 Look at your answers to question 2. Can you see why 1 4 2 8 5 7 is called a revolving number?

4 1 4 2 8 5 7 × 46 = 6 5 7 1 4 2 2
Count six digits from the right and write the remaining digit (or digits) underneath.

Add 571 422
   +   6
   ─────────
     571 428

Use this method and find whether or not the digits of the magic number appear when you multiply 1 4 2 8 5 7 by:

(a) 39   **(b)** 71   **(c)** 29   **(d)** 52   **(e)** 68   **(f)** 13   **(g)** 94   **(h)** 85.

Multiply by larger numbers and the method still works if you divide the answers up into groups of six digits and add them.

5   7 × 2 × 10 000 000 000 000 000 = 140 000 000 000 000 000
    7 × 4 ×   100 000 000 000 000 =   2 800 000 000 000 000
    7 × 8 ×   1 000 000 000 000 =   56 000 000 000 000
    7 × 16 ×   10 000 000 000 =   1 120 000 000 000
    7 × 32 ×   100 000 000 =   22 400 000 000
    7 × 64 ×   1 000 000 =   448 000 000
    7 × 128 ×   10 000 =   8 960 000
    7 × 256 ×   100 =   179 200
    7 × 512 ×   1 =   3584

Add and show that the magic number appears twice in the first twelve digits.

SQUARES AND SQUARE ROOTS

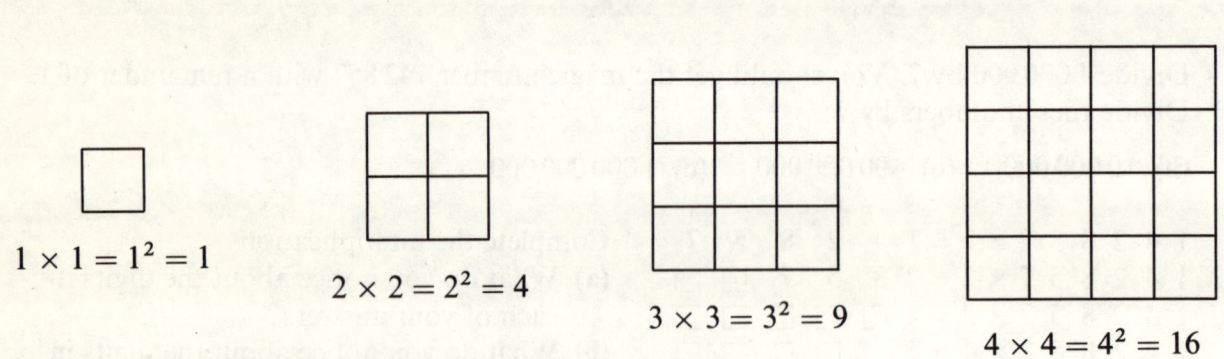

$1 \times 1 = 1^2 = 1$

$2 \times 2 = 2^2 = 4$

$3 \times 3 = 3^2 = 9$

$4 \times 4 = 4^2 = 16$

Note 3×3 is written as 3^2 and read as 'three squared'.
The small 2 shows the number is multiplied by itself.

1
Number	1	2	3	4	5	6	7	8	9	10	11	12	13	14	15	16	17	18
Square	1	4	9	16						100								

Copy and complete the table of squares up to $20 \times 20 = 400$.

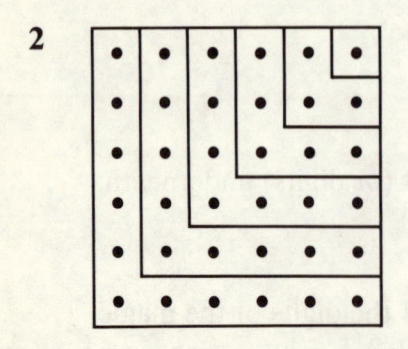

2 The number of dots contained in each shape is odd. The numbers shown are 1, 3, 5, 7, 9 and 11.

(a) Complete the additions:
    1 = 1   1 + 3 = 4
    1 + 3 + 5 = _____
    1 + 3 + 5 + 7 = _____
    1 + 3 + 5 + 7 + 9 = _____
    1 + 3 + 5 + 7 + 9 + 11 = _____

(b) Compare your answers with exercise 1. What do you notice?
(c) Continue adding the odd numbers until you reach 19.

3 This is what Brian discovered: If you add the first 8 odd numbers it comes to 8^2 or 64. If you add the first 12 odd numbers it comes to 12^2 or 144. The answer is always the square of the number of odds that you added.

  (a) Check this is true for the first twelve odd numbers. You have the first ten already in question 2(c).
  (b) Use Brian's discovery to find the sum of all the odd numbers
    (i) less than 50 and   (ii) less than 100.

4 $6^2 = 6 \times 6 = 36$.   36 is the square of 6 and 6 is called the *square root* of 36.
We write $\sqrt{36} = 6$.
Use your answers to question 1 to complete this table:

Number	36	4	1	100	64	144		225	169	25	361	256
Square root	6	2	1				7					

5 $\sqrt{1.69} = 1.3$ $1.3^2 = 1.3 \times 1.3 = 1.69$
Always check your answer by squaring it. Use your results from question 1 but take care in placing the decimal point.

  (a) $\sqrt{1.44}$ (b) $\sqrt{2.25}$ (c) $\sqrt{0.36}$ (d) $\sqrt{3.61}$ (e) $\sqrt{0.09}$ (f) $\sqrt{0.16}$

6 To find the square root of a fraction take the square root of the numerator and denominator.

  Example $\sqrt{\frac{4}{25}} = \frac{2}{5}$ Check: $\frac{2}{5} \times \frac{2}{5} = \frac{4}{25}$

  Find the square roots. Check your answers by multiplication.

  (a) $\sqrt{\frac{9}{16}}$ (b) $\sqrt{\frac{4}{81}}$ (c) $\sqrt{\frac{49}{100}}$ (d) $\sqrt{\frac{25}{144}}$ (e) $\sqrt{\frac{1}{36}}$ (f) $\sqrt{\frac{16}{49}}$ (g) $\sqrt{\frac{64}{121}}$

7

1   1+2=3   1+2+3=6   1+2+3+4=10

Because of the pattern made by the dots 1, 3, 6 and 10 are called *triangular numbers*.

1 3 6 10 ?   The difference increases by one each time.
 2 3 4 5

  (a) Write down the next six triangular numbers after 10.
  (b) Add pairs of triangular numbers that are next to each other:
    $1 + 3 = 4$ $3 + 6 = 9$ $6 + 10 = 16$.   Continue for all the numbers in question 8(a).
  What do you notice about all of the answers?

8

Squares	1	4	9	16	25	36	49	64	81	100
Subtract		3	5	7	9	11	13	15	17	19	(odd numbers in order)
Subtract			2	2	2	2	2	2	2	2	(all 2's)

Work out the squares below. Then check as above.

20^2 21^2 22^2 23^2 24^2 25^2 26^2 27^2 28^2 29^2 30^2

Squares 400 441 ___ ___ ___ ___ ___ ___ ___ ___ 900

9

(a) How many squares are there this size?

(b) How many squares are there this size?

(c) How many squares are there 3 cm by 3 cm?

(d) How many squares are there:
   (i) 4 cm by 4 cm
   (ii) 5 cm by 5 cm
   (iii) 6 cm by 6 cm
   (iv) 7 cm by 7 cm
   (v) 8 cm by 8 cm?

(e) How many squares are there altogether?

FRACTIONS

Fractions are like sharing. All the parts must be equal.

$\frac{4}{5}$ Numerator / Denominator

1 A field is in 8 equal parts.
3 are planted with potatoes. The rest of the field is planted with cabbages.

What fraction is used for: (a) potatoes, (b) cabbages?

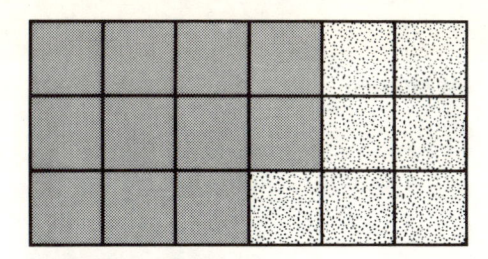

2 A box has 18 chocolates in it.
Ann has 11 and Carol has the rest.

(a) What fraction does Ann have?
(b) What fraction does Carol have?

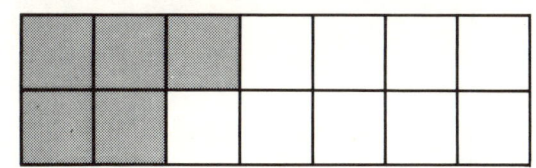

3 What fraction is (a) shaded, (b) not shaded?

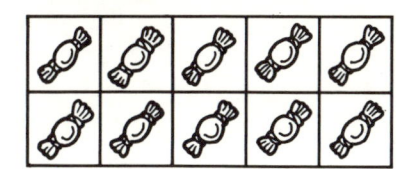

4 Brian has $\frac{1}{5}$ of the sweets and Carol has $\frac{4}{5}$ of them. How many sweets do they each have?

5 A cake is cut into 12 equal parts.

(a) What fraction has been eaten?
(b) What fraction remains?

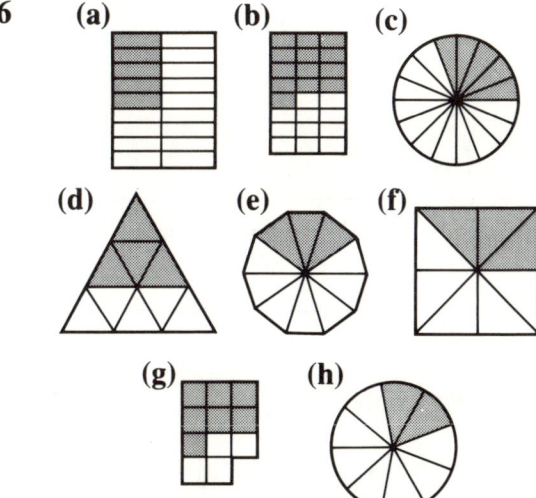

6 (a) (b) (c) (d) (e) (f) (g) (h)

Number of equal parts	Fraction shaded	Fraction not shaded
(a)		
(b)		
(c)		
(d)		
(e)		
(f)		
(g)		
(h)		

Copy and complete the table.

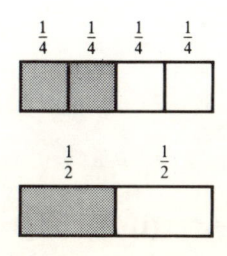

Two quarters are shaded: $\frac{2}{4}$.

One half is shaded: $\frac{1}{2}$.

$\boxed{\dfrac{2}{4} = \dfrac{1}{2}}$

$\frac{2}{4}$ and $\frac{1}{2}$ are called *equivalent fractions*.

43

7 Write down the *equivalent fractions*.

                                                        Shaded   **Not shaded**

(a) $\frac{2}{8} =$ $\frac{6}{8} =$

(b) $\frac{4}{10} =$ $\frac{6}{10} =$

(c) $\frac{4}{12} =$ $\frac{8}{12} =$

(d) $\frac{6}{14} =$ $\frac{8}{14} =$

8 What equivalent fractions are shown on these lines?

(a)   (b)

(c)   (d)

The value of a fraction is unchanged if the numerator and denominator are multiplied or divided by the same number.

---

9 Calculate the value of these equivalent fractions.   **Example** $\frac{2 \times 2}{3 \times 2} = \frac{4}{6}$.

(a) $\frac{2}{3} = \frac{2 \times 2}{3 \times 2} = \frac{2 \times 3}{3 \times 3} = \frac{2 \times 4}{3 \times 4} = \frac{2 \times 5}{3 \times 5} = \frac{2 \times 6}{3 \times 6} = \frac{2 \times 7}{3 \times 7} = \frac{2 \times 8}{3 \times 8} = \frac{2 \times 9}{3 \times 9} = \frac{2 \times 10}{3 \times 10}$

(b) $\frac{1}{2} = \frac{1 \times 2}{2 \times 2} = \frac{1 \times 3}{2 \times 3} = \frac{1 \times 4}{2 \times 4} = \frac{1 \times 5}{2 \times 5} = \frac{1 \times 6}{2 \times 6} = \frac{1 \times 7}{2 \times 7} = \frac{1 \times 8}{2 \times 8} = \frac{1 \times 9}{2 \times 9} = \frac{1 \times 10}{2 \times 10}$

(c) $\frac{3}{5} = \frac{3 \times 2}{5 \times 2} = \frac{3 \times 3}{5 \times 3} = \frac{3 \times 4}{5 \times 4} = \frac{3 \times 5}{5 \times 5} = \frac{3 \times 6}{5 \times 6} = \frac{3 \times 7}{5 \times 7} = \frac{3 \times 8}{5 \times 8} = \frac{3 \times 9}{5 \times 9} = \frac{3 \times 10}{5 \times 10}$

$\frac{6}{8} = \frac{12}{16} = \frac{30}{40}$ These fractions are all equivalent to $\frac{3}{4}$.
                       $\frac{3}{4}$ is in the *simplest form* or the *lowest terms*.

10 Express these fractions in their lowest terms:

     (a) $\frac{12}{20}$ (b) $\frac{9}{18}$ (c) $\frac{4}{12}$ (d) $\frac{10}{14}$ (e) $\frac{24}{27}$ (f) $\frac{15}{25}$ (g) $\frac{14}{28}$ (h) $\frac{7}{35}$ (i) $\frac{44}{66}$ (j) $\frac{80}{96}$

11 Copy and complete by finding what the numbers □ and △ are:

(a) $\dfrac{4}{6} = \dfrac{\square}{3} = \dfrac{12}{\triangle}$ (b) $\dfrac{2}{5} = \dfrac{18}{\triangle} = \dfrac{\square}{15}$ (c) $\dfrac{\square}{6} = \dfrac{10}{\triangle} = \dfrac{15}{18}$ (d) $\dfrac{2}{7} = \dfrac{6}{\triangle} = \dfrac{\square}{49}$

(e) $\dfrac{1}{2} = \dfrac{\square}{48} = \dfrac{25}{\triangle}$ (f) $\dfrac{\square}{10} = \dfrac{70}{100} = \dfrac{21}{\triangle}$ (g) $\dfrac{8}{9} = \dfrac{\square}{45} = \dfrac{48}{\triangle}$ (h) $\dfrac{3}{20} = \dfrac{\square}{60} = \dfrac{6}{\triangle}$

12 *A fraction board*

1										
$\tfrac{1}{2}$					$\tfrac{1}{2}$						
$\tfrac{1}{3}$			$\tfrac{1}{3}$			$\tfrac{1}{3}$				
$\tfrac{1}{4}$		$\tfrac{1}{4}$		$\tfrac{1}{4}$		$\tfrac{1}{4}$			
$\tfrac{1}{5}$		$\tfrac{1}{5}$		$\tfrac{1}{5}$		$\tfrac{1}{5}$		$\tfrac{1}{5}$		
$\tfrac{1}{6}$	$\tfrac{1}{6}$	$\tfrac{1}{6}$	$\tfrac{1}{6}$	$\tfrac{1}{6}$	$\tfrac{1}{6}$				
$\tfrac{1}{7}$	$\tfrac{1}{7}$	$\tfrac{1}{7}$	$\tfrac{1}{7}$	$\tfrac{1}{7}$	$\tfrac{1}{7}$	$\tfrac{1}{7}$			
$\tfrac{1}{8}$	$\tfrac{1}{8}$	$\tfrac{1}{8}$	$\tfrac{1}{8}$	$\tfrac{1}{8}$	$\tfrac{1}{8}$	$\tfrac{1}{8}$	$\tfrac{1}{8}$		
$\tfrac{1}{9}$	$\tfrac{1}{9}$	$\tfrac{1}{9}$	$\tfrac{1}{9}$	$\tfrac{1}{9}$	$\tfrac{1}{9}$	$\tfrac{1}{9}$	$\tfrac{1}{9}$	$\tfrac{1}{9}$	
$\tfrac{1}{10}$	$\tfrac{1}{10}$	$\tfrac{1}{10}$	$\tfrac{1}{10}$	$\tfrac{1}{10}$	$\tfrac{1}{10}$	$\tfrac{1}{10}$	$\tfrac{1}{10}$	$\tfrac{1}{10}$	$\tfrac{1}{10}$

(a) Find all the fractions on the board that are equivalent to:

(i) $\tfrac{1}{2}$ (ii) $\tfrac{1}{3}$ (iii) $\tfrac{8}{10}$ (iv) $\tfrac{6}{8}$ (v) $\tfrac{6}{9}$ (vi) $\tfrac{2}{8}$ (vii) $\tfrac{3}{5}$

(b) $\tfrac{6}{6} = 1$. Write down the other eight values on the fraction board that are equal to 1.

(c) Copy and complete. Use the fraction board to obtain your answers.

(i) $\dfrac{1}{5} + \dfrac{1}{5} = \dfrac{2}{5} = \dfrac{\square}{10}$ (ii) $\dfrac{1}{6} + \dfrac{1}{6} = \dfrac{\square}{6} = \dfrac{\triangle}{3}$ (iii) $\dfrac{1}{9} + \dfrac{1}{9} + \dfrac{1}{9} = \dfrac{\square}{9} = \dfrac{\triangle}{3}$

(iv) $\dfrac{1}{8} + \dfrac{1}{8} + \dfrac{1}{8} + \dfrac{1}{8} = \dfrac{\square}{8} = \dfrac{\triangle}{2}$ (v) $\dfrac{1}{10} + \dfrac{1}{10} + \dfrac{1}{10} + \dfrac{1}{10} = \dfrac{\square}{10} = \dfrac{\triangle}{5}$

(vi) $\dfrac{1}{4} + \dfrac{1}{4} = \dfrac{\square}{4} = \dfrac{\triangle}{2}$ (vii) $\dfrac{5}{8} - \dfrac{3}{8} = \dfrac{\square}{8} = \dfrac{\triangle}{4}$ (viii) $\dfrac{7}{9} - \dfrac{1}{9} = \dfrac{\square}{9} = \dfrac{\triangle}{3}$

(ix) $\dfrac{9}{10} - \dfrac{3}{10} = \dfrac{\square}{10} = \dfrac{\triangle}{5}$ (x) $\dfrac{5}{6} - \dfrac{1}{6} = \dfrac{\square}{6} = \dfrac{\triangle}{3}$ (xi) $1 - \dfrac{2}{8} = \dfrac{\square}{8} = \dfrac{\triangle}{4}$

> means is greater than.   < means is less than.

Example $9\frac{1}{4} > 2\frac{1}{2}$ $2\frac{1}{4} < 3\frac{1}{6}$

Use the fraction board on page 45 to answer the following questions.

13 Copy and complete by writing > or < in the box:

(a) $\frac{1}{7} \square \frac{1}{2}$ (b) $\frac{1}{5} \square \frac{1}{3}$ (c) $\frac{1}{10} \square \frac{1}{9}$ (d) $\frac{1}{8} \square \frac{1}{2}$ (e) $\frac{1}{4} \square \frac{1}{6}$ (f) $\frac{1}{3} \square \frac{1}{4}$
(g) $\frac{3}{5} \square \frac{1}{2}$ (h) $\frac{3}{8} \square \frac{1}{3}$ (i) $\frac{6}{10} \square \frac{1}{2}$ (j) $\frac{1}{7} \square \frac{2}{10}$ (k) $\frac{1}{6} \square \frac{2}{9}$ (l) $\frac{1}{4} \square \frac{3}{8}$
(m) $\frac{3}{7} \square \frac{4}{9}$ (n) $\frac{2}{5} \square \frac{2}{3}$ (o) $\frac{7}{10} \square \frac{5}{7}$ (p) $\frac{2}{9} \square \frac{3}{10}$ (q) $\frac{5}{6} \square \frac{6}{7}$ (r) $\frac{7}{8} \square \frac{7}{9}$
(s) $\frac{2}{3} \square \frac{5}{8}$ (t) $\frac{7}{10} \square \frac{5}{6}$ (u) $\frac{4}{7} \square \frac{5}{8}$ (v) $\frac{2}{3} \square \frac{4}{7}$ (w) $\frac{5}{6} \square \frac{8}{9}$ (x) $\frac{2}{7} \square \frac{3}{10}$

14 Compare these fractions by first expressing them with the same denominator. Copy and complete:

(a) $\frac{1}{2} \square \frac{3}{7} \ \left(\frac{1}{2} = \frac{\square}{14}, \frac{3}{7} = \frac{\triangle}{14}\right)$

(b) $\frac{4}{9} \square \frac{1}{3} \ \left(\frac{4}{9}, \frac{1}{3} = \frac{\square}{9}\right)$

(c) $\frac{7}{10} \square \frac{2}{3} \ \left(\frac{7}{10} = \frac{\square}{30}, \frac{2}{3} = \frac{\triangle}{30}\right)$

(d) $\frac{3}{4} \square \frac{5}{6} \ \left(\frac{3}{4} = \frac{\square}{12}, \frac{5}{6} = \frac{\triangle}{12}\right)$

(e) $\frac{7}{9} \square \frac{5}{6} \ \left(\frac{7}{9} = \frac{\square}{18}, \frac{5}{6} = \frac{\triangle}{18}\right)$

(f) $\frac{1}{4} \square \frac{3}{10} \ \left(\frac{1}{4} = \frac{\square}{20}, \frac{3}{10} = \frac{\triangle}{20}\right)$

(g) $\frac{4}{5} \square \frac{7}{10} \ \left(\frac{4}{5} = \frac{\triangle}{10}, \frac{7}{10}\right)$

(h) $\frac{7}{12} \square \frac{5}{8} \ \left(\frac{7}{12} = \frac{\square}{24}, \frac{5}{8} = \frac{\triangle}{24}\right)$

15

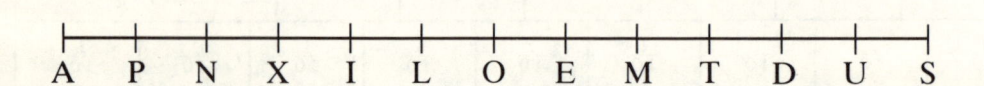

```
|---+---+---+---+---+---+---+---+---+---+---+---|
A   P   N   X   I   L   O   E   M   T   D   U   S
```

The line AS represents 1.
Which letters represent the following?

(a) Seven-twelfths   (b) Equivalent to $\frac{1}{4}$ (c) $\frac{1}{6}$ to the left of N   (d) $\frac{1}{6} + \frac{1}{2}$
(e) $\frac{1}{3}$ to the left of M   (f) $1 - \frac{2}{3}$ (g) $\frac{1}{4}$ to the left of X   (h) Three-quarters
(i) Five-twelfths plus one quarter   (j) One half   (k) $\frac{1}{3}$ less than $\frac{1}{2}$
(l) Greater than $\frac{11}{12}$

To add, subtract or compare $\frac{1}{8}$ and $\frac{1}{6}$ we first express them with the same denominator.
8, 16, 24, 32, 40, 48, 56, ... are *multiples* of 8
6, 12, 18, 24, 30, 36, 42, ... are *multiples* of 6
24 is the lowest or least multiple in both groups.
It is the *Lowest Common Multiple* or *LCM*.

46

16 Find the LCM of:

(a) 10 and 12 (b) 6 and 4 (c) 18 and 24 (d) 9 and 15 (e) 16 and 10
(f) 14 and 21 (g) 5 and 10 (h) 2 and 3 (i) 14 and 8 (j) 32 and 48.

17 The LCM of the denominator of fractions is called the Lowest Common Denominator (LCD).
The LCD of $\frac{2}{9}$ and $\frac{5}{12}$ is 36 because 36 is the LCM of 9 and 12.
Find the LCD of these fractions:

(a) $\frac{3}{10}$ and $\frac{1}{5}$ (b) $\frac{11}{12}$ and $\frac{3}{8}$ (c) $\frac{2}{3}$ and $\frac{3}{8}$ (d) $\frac{5}{6}$ and $\frac{1}{6}$ (e) $\frac{1}{12}$ and $\frac{1}{9}$ (f) $\frac{7}{15}$ and $\frac{5}{6}$
(g) $\frac{1}{2}$ and $\frac{3}{5}$ (h) $\frac{4}{9}$ and $\frac{2}{15}$ (i) $\frac{2}{7}$ and $\frac{9}{14}$ (j) $\frac{7}{10}$ and $\frac{1}{2}$ (k) $\frac{5}{8}$ and $\frac{7}{12}$ (l) $\frac{3}{4}$ and $\frac{1}{6}$

18 $\frac{1}{4}$ and $\frac{3}{10}$ can be expressed with the same denominator, 20.

$$\frac{1 \times 5}{4 \times 5} = \frac{5}{20}, \frac{3 \times 2}{10 \times 2} = \frac{6}{20}.$$

Adding $\frac{5}{20} + \frac{6}{20} = \frac{11}{20}$ so $\frac{1}{4} + \frac{3}{10} = \frac{11}{20}$.
We can also compare the fraction: $\frac{6}{20} > \frac{5}{20}$ so $\frac{3}{10} > \frac{1}{4}$.
Use the above method to (i) add the fractions and (ii) compare them.

(a) $\frac{1}{2}$ and $\frac{3}{5}$ (b) $\frac{2}{3}$ and $\frac{5}{8}$ (c) $\frac{9}{10}$ and $\frac{7}{12}$ (d) $\frac{1}{4}$ and $\frac{2}{9}$ (e) $\frac{1}{6}$ and $\frac{3}{10}$ (f) $\frac{4}{15}$ and $\frac{3}{10}$
(g) $\frac{3}{7}$ and $\frac{1}{3}$ (h) $\frac{5}{6}$ and $\frac{7}{8}$ (i) $\frac{3}{4}$ and $\frac{2}{3}$ (j) $\frac{7}{10}$ and $\frac{5}{8}$ (k) $\frac{5}{12}$ and $\frac{3}{5}$ (l) $\frac{13}{20}$ and $\frac{5}{8}$

19 Find the Lowest Common Denominator of the three fractions.
Hence express them with the same denominator, then write the given fractions in order, greatest first.

(a) $\frac{2}{5}, \frac{1}{2}, \frac{7}{10}$ (b) $\frac{1}{3}, \frac{1}{5}, \frac{2}{15}$ (c) $\frac{2}{7}, \frac{1}{3}, \frac{8}{21}$ (d) $\frac{7}{8}, \frac{5}{6}, \frac{7}{12}$ (e) $\frac{3}{4}, \frac{7}{8}, \frac{11}{12}$ (f) $\frac{5}{6}, \frac{2}{3}, \frac{4}{5}$
(g) $\frac{3}{7}, \frac{2}{5}, \frac{7}{10}$ (h) $\frac{3}{10}, \frac{3}{5}, \frac{5}{12}$ (i) $\frac{1}{6}, \frac{1}{4}, \frac{3}{20}$ (j) $\frac{1}{2}, \frac{1}{3}, \frac{11}{30}$

20 Copy and complete. Give your answer in terms of the original fraction.

(a) Compare $\frac{17}{20}$ and $\frac{13}{16}$, $\frac{17}{20} = \frac{17 \times 4}{20 \times 4} = \frac{}{}$, $\frac{13}{16} = \frac{13 \times 5}{16 \times 5} = \frac{}{}$. Therefore $\square > \triangle$.

(b) Compare $\frac{31}{48}$ and $\frac{27}{40}$, $\frac{31}{48} = \frac{31 \times}{48 \times} = \frac{}{240}$, $\frac{27}{40} = \frac{27 \times}{40 \times} = \frac{}{240}$. Therefore $\square > \triangle$.

(c) Compare $\frac{3}{20}$ and $\frac{5}{32}$, $\frac{3}{20} = \frac{3 \times}{20 \times} = \frac{}{120}$, $\frac{5}{32} = \frac{5 \times}{32 \times} = \frac{}{120}$. Therefore $\square > \triangle$.

(d) Compare $\frac{11}{27}$ and $\frac{28}{45}$. The LCD is 135.

(e) Compare $\frac{31}{35}$ and $\frac{25}{28}$. The LCD is 140.

47

ADDITION OF FRACTIONS AND MIXED NUMBERS

In questions 1 to 12 you add the numerators. The denominators do not change.

They may change when you simplify your answers, Ann.
$\frac{3}{8} + \frac{1}{8} = \frac{4}{8} = \frac{1}{2}$

Remember that if the fraction part is greater than 1 you must change your answer to a mixed number.

1   (a) $\frac{3}{5} + \frac{1}{5}$ (b) $\frac{2}{7} + \frac{3}{7}$ (c) $\frac{1}{9} + \frac{4}{9}$ (d) $\frac{3}{11} + \frac{7}{11}$

2   (a) $\frac{1}{3} + \frac{1}{3}$ (b) $\frac{2}{5} + \frac{2}{5}$ (c) $\frac{4}{7} + \frac{1}{7}$ (d) $\frac{2}{9} + \frac{5}{9}$

3   (a) $\frac{4}{11} + \frac{6}{11}$ (b) $\frac{7}{15} + \frac{4}{15}$ (c) $\frac{5}{21} + \frac{8}{21}$ (d) $\frac{5}{7} + \frac{1}{7}$

4   (a) $\frac{1}{6} + \frac{3}{6}$ (b) $\frac{3}{8} + \frac{3}{8}$ (c) $\frac{4}{9} + \frac{2}{9}$ (d) $\frac{3}{10} + \frac{1}{10}$

5   (a) $\frac{1}{4} + \frac{1}{4}$ (b) $\frac{5}{12} + \frac{5}{12}$ (c) $\frac{1}{10} + \frac{7}{10}$ (d) $\frac{2}{9} + \frac{1}{9}$

6   (a) $1\frac{1}{6} + \frac{1}{6}$ (b) $\frac{4}{9} + 1\frac{2}{9}$ (c) $1\frac{3}{8} + \frac{4}{8}$ (d) $2\frac{7}{12} + \frac{4}{12}$

7   (a) $2\frac{3}{5} + 1\frac{1}{5}$ (b) $3\frac{3}{8} + 1\frac{1}{8}$ (c) $2\frac{3}{10} + 1\frac{3}{10}$ (d) $4\frac{5}{9} + 2\frac{2}{9}$

8   (a) $\frac{5}{7} + \frac{3}{7}$ (b) $\frac{3}{5} + \frac{3}{5}$ (c) $\frac{5}{9} + \frac{5}{9}$ (d) $\frac{2}{3} + \frac{2}{3}$

9   (a) $\frac{6}{11} + \frac{7}{11}$ (b) $\frac{4}{9} + \frac{8}{9}$ (c) $\frac{2}{7} + \frac{6}{7}$ (d) $\frac{4}{5} + \frac{2}{5}$

In questions 13 to 16 we must change the fractions so that their denominators are the same.

10   (a) $\frac{2}{3} + \frac{1}{3}$ (b) $\frac{3}{8} + \frac{5}{8}$ (c) $\frac{7}{9} + \frac{2}{9}$ (d) $\frac{3}{4} + \frac{1}{4}$

11   (a) $1\frac{4}{5} + \frac{3}{5}$ (b) $2\frac{2}{3} + 1\frac{2}{3}$ (c) $3\frac{5}{6} + 1\frac{1}{6}$ (d) $\frac{5}{8} + 2\frac{7}{8}$

12   (a) $2\frac{7}{10} + 1\frac{3}{10}$ (b) $\frac{7}{9} + 3\frac{4}{9}$ (c) $1\frac{7}{12} + 1\frac{7}{12}$ (d) $2\frac{17}{20} + \frac{11}{20}$

13   (a) $\frac{1}{3} + \frac{2}{5}$ (b) $\frac{1}{2} + \frac{1}{7}$ (c) $\frac{2}{9} + \frac{1}{2}$ (d) $\frac{3}{4} + \frac{1}{8}$

14   (a) $\frac{2}{7} + \frac{3}{14}$ (b) $\frac{3}{5} + \frac{1}{10}$ (c) $\frac{1}{6} + \frac{1}{4}$ (d) $\frac{3}{10} + \frac{1}{2}$

15   (a) $\frac{1}{2} + \frac{7}{8}$ (b) $\frac{3}{4} + \frac{5}{6}$ (c) $\frac{7}{9} + \frac{2}{3}$ (d) $\frac{11}{12} + \frac{1}{6}$

16   (a) $1\frac{3}{4} + \frac{5}{12}$ (b) $\frac{7}{8} + 2\frac{1}{4}$ (c) $2\frac{4}{5} + 1\frac{7}{10}$ (d) $1\frac{4}{7} + 2\frac{11}{21}$

17 (a) $4\frac{1}{3} + 1\frac{1}{2} + \frac{5}{6}$ (b) $2\frac{1}{2} + 7 + 9\frac{7}{8}$ (c) $1\frac{3}{4} + \frac{1}{6} + 2\frac{7}{12}$ (d) $4\frac{1}{2} + 1\frac{3}{7} + 1\frac{9}{14}$

18 (a) $7\frac{1}{3} + 1\frac{3}{4} + \frac{7}{12}$ (b) $3\frac{4}{5} + 1\frac{7}{10} + \frac{9}{10}$ (c) $4 + 1\frac{7}{9} + 1\frac{2}{3}$ (d) $1\frac{1}{6} + 3\frac{4}{9} + \frac{1}{2}$

19 Add these numbers: $2\frac{1}{2}$, $1\frac{5}{8}$, $1\frac{7}{12}$.

20 Find the sum of $6\frac{2}{5}$, $4\frac{3}{4}$ and $1\frac{7}{10}$.

21 Evaluate $4\frac{3}{8} + 1\frac{11}{16} + 4\frac{3}{4}$.

22 Add $1\frac{4}{5}$ to the sum of $1\frac{7}{10}$ and $3\frac{13}{20}$.

23 Calculate the total of $3\frac{5}{12}$, $1\frac{1}{6}$ and $2\frac{1}{4}$.

24 Work out the brackets first and check that each pair gives the same answer:

  (a) (i) $(1\frac{2}{5} + \frac{3}{10}) + 2\frac{1}{2}$ (ii) $1\frac{2}{5} + (\frac{3}{10} + 2\frac{1}{2})$
  (b) (i) $(2\frac{5}{6} + \frac{4}{9}) + 1\frac{2}{3}$ (ii) $2\frac{5}{6} + (\frac{4}{9} + 1\frac{2}{3})$
  (c) (i) $(5\frac{7}{8} + 1\frac{1}{8}) + 1\frac{3}{4}$ (ii) $5\frac{7}{8} + (1\frac{1}{8} + 1\frac{3}{4})$
  (d) (i) $(3\frac{1}{2} + 1\frac{5}{6}) + 2\frac{1}{6}$ (ii) $3\frac{1}{2} + (1\frac{5}{6} + 2\frac{1}{6})$

SHAPES FROM FRACTIONS

1 (a) $3\frac{1}{2} + 2\frac{1}{4}$ (b) $6\frac{1}{3} + 1\frac{1}{6}$ (c) $1\frac{2}{5} + 3\frac{3}{10}$ (d) $3\frac{2}{7} + 1\frac{6}{7}$
   (e) $4\frac{7}{10} + 3\frac{9}{10}$ (f) $3\frac{5}{8} + 1\frac{1}{4}$ (g) $1\frac{3}{4} + 4\frac{3}{8}$ (h) $2\frac{5}{12} + 2\frac{2}{3}$

First calculate the answers to the eight questions above.
All of your answers should appear below. If they do not, then check your answers.
Trace the dots (•) and numbers on to a plain piece of paper.

$6\frac{2}{3}$• $7\frac{1}{2}$•   •$4\frac{7}{10}$

•$4\frac{7}{8}$ $6\frac{1}{8}$•

$5\frac{3}{4}$• $5\frac{1}{7}$•   •$6\frac{2}{5}$

$2\frac{9}{10}$• $8\frac{3}{5}$•   •$5\frac{1}{12}$ •$4\frac{5}{8}$

•$3\frac{1}{2}$

Join pairs of answers by lines in this way:
(a) and (b), (b) and (c), (c) and (d), (d) and (a), (a) and (e), (d) and (h), (c) and (g),
(e) and (h), (h) and (g).
Then join the following pairs by broken lines (------):
(e) and (f), (b) and (f), (f) and (g).
What is the name of the shape you have formed?

2 Find and name this shape in the same way as you did for 1:

(a) $4\frac{2}{3} + 3\frac{1}{4}$ (b) $5\frac{4}{5} + 2\frac{7}{10}$ (c) $1\frac{7}{8} + 1\frac{1}{2}$ (d) $4\frac{7}{9} + 1\frac{2}{3}$ (e) $7\frac{5}{6} + 1\frac{1}{4}$ (f) $2\frac{3}{8} + 1\frac{7}{12}$

$1\frac{3}{4}$• $7\frac{11}{12}$• •$8\frac{1}{2}$
•$1\frac{2}{5}$
•$2\frac{1}{4}$
$3\frac{23}{24}$• •$5\frac{1}{3}$
$2\frac{5}{8}$• •$3\frac{3}{8}$
$4\frac{1}{2}$• •$9\frac{1}{12}$ •$6\frac{4}{9}$

Join (a) and (b), (b) and (c), (c) and (d), (d) and (e), (e) and (f), (f) and (a).

FAMOUS ANIMALS

Find the numbers that the letters stand for. Copy the boxes below and write each letter in the box that has your answer above it. Your answers should give the name of a famous animal.

1 (i) $\frac{1}{3} + \frac{1}{2} = $ T (ii) $\frac{1}{2} + \frac{3}{4} = $ B (iii) $\frac{3}{10} + \frac{9}{10} = $ A (iv) $\frac{3}{8} + \frac{1}{4} = $ Y
(v) $\frac{2}{5} + \frac{1}{10} = $ U (vi) $\frac{2}{3} + \frac{5}{6} = $ E (vii) $\frac{1}{8} + \frac{3}{4} = $ L (viii) $\frac{1}{3} + \frac{1}{5} = $ C
(ix) $\frac{3}{5} + \frac{7}{10} = $ K

A horse

$1\frac{1}{4}$ $\frac{7}{8}$ $1\frac{1}{5}$ $\frac{8}{15}$ $1\frac{3}{10}$ $1\frac{1}{4}$ $1\frac{1}{2}$ $1\frac{1}{5}$ $\frac{1}{2}$ $\frac{5}{6}$ $\frac{5}{8}$
☐ ☐ ☐ ☐ ☐ ☐ ☐ ☐ ☐ ☐ ☐

2 (i) $1\frac{1}{3} + \frac{2}{5} = $ K (ii) $\frac{3+8}{10} = $ I (iii) $\frac{9}{10} + \frac{7}{10} = $ M (iv) $\frac{4}{5} + \frac{9}{10} = $ S
(v) $\frac{5}{6} + \frac{1}{2} = $ O (vi) $2\frac{3}{4} + 1\frac{1}{3} = $ Y (vii) $1\frac{3}{7} + \frac{6}{7} = $ C (viii) $\frac{5+6}{8} = $ U
(ix) $\frac{1}{4} + 1\frac{5}{12} = $ E

Walt Disney's most famous cartoon character

$1\frac{3}{5}$ $1\frac{1}{10}$ $2\frac{2}{7}$ $1\frac{11}{15}$ $1\frac{2}{3}$ $4\frac{1}{12}$ $1\frac{3}{5}$ $1\frac{1}{3}$ $1\frac{3}{8}$ $1\frac{7}{10}$ $1\frac{2}{3}$
☐ ☐ ☐ ☐ ☐ ☐ ☐ ☐ ☐ ☐ ☐

3 (i) $\frac{7}{8} + \frac{3}{4} = $ G (ii) $1\frac{2}{3} + \frac{2}{5} = $ I (iii) $\frac{8}{9} + 1\frac{2}{3} = $ N (iv) $2\frac{7}{12} + \frac{3}{8} = $ O
(v) $1\frac{1}{9} + \frac{5}{6} = $ K

The biggest!

$1\frac{17}{18}$ $2\frac{1}{15}$ $2\frac{5}{9}$ $1\frac{5}{8}$ $1\frac{17}{18}$ $2\frac{23}{24}$ $2\frac{5}{9}$ $1\frac{5}{8}$
☐ ☐ ☐ ☐ ☐ ☐ ☐ ☐

4 (i) $\frac{1}{2}+\frac{3}{4}+\frac{1}{4}=$ B (ii) $\frac{1}{3}+\frac{1}{2}+\frac{5}{6}=$ I (iii) $1\frac{1}{4}+\frac{7}{8}+\frac{1}{2}=$ H
(iv) $\frac{2}{3}+1\frac{1}{6}+\frac{5}{6}=$ T (v) $2\frac{7}{10}+\frac{3}{5}+1\frac{1}{10}=$ E (vi) $1\frac{7}{9}+\frac{5}{6}+\frac{5}{18}=$ A
(vii) $1\frac{4}{7}+1\frac{3}{14}+1\frac{1}{2}=$ R (viii) $2\frac{1}{2}+1\frac{1}{5}+\frac{3}{10}=$ W

A bunny from Alice in Wonderland

$2\frac{2}{3}$ $2\frac{5}{8}$ $4\frac{2}{5}$ 4 $4\frac{2}{9}$ $1\frac{2}{3}$ $2\frac{2}{3}$ $4\frac{2}{5}$ $4\frac{2}{7}$ $2\frac{8}{9}$ $1\frac{1}{2}$ $1\frac{1}{2}$ $1\frac{2}{3}$ $2\frac{2}{3}$
☐ ☐ ☐ ☐ ☐ ☐ ☐ ☐ ☐ ☐ ☐ ☐ ☐

SUBTRACTION OF FRACTIONS AND MIXED NUMBERS

1 (a) $\frac{2}{5}-\frac{1}{5}$ (b) $\frac{5}{7}-\frac{2}{7}$ (c) $\frac{7}{9}-\frac{6}{9}$ (d) $\frac{2}{3}-\frac{1}{3}$ (e) $\frac{8}{11}-\frac{3}{11}$

2 (a) $\frac{8}{13}-\frac{4}{13}$ (b) $\frac{8}{15}-\frac{1}{15}$ (c) $\frac{4}{5}-\frac{3}{5}$ (d) $\frac{6}{7}-\frac{4}{7}$ (e) $\frac{8}{9}-\frac{1}{9}$

3 (a) $\frac{5}{8}-\frac{1}{8}$ (b) $\frac{7}{9}-\frac{1}{9}$ (c) $\frac{9}{10}-\frac{3}{10}$ (d) $\frac{3}{4}-\frac{1}{4}$ (e) $\frac{5}{6}-\frac{1}{6}$

4 (a) $\frac{7}{10}-\frac{3}{10}$ (b) $\frac{11}{14}-\frac{3}{14}$ (c) $\frac{7}{8}-\frac{1}{8}$ (d) $\frac{5}{12}-\frac{2}{12}$ (e) $\frac{8}{15}-\frac{2}{15}$

5 (a) $1\frac{3}{10}-\frac{2}{10}$ (b) $2\frac{5}{8}-\frac{3}{8}$ (c) $3\frac{7}{12}-1\frac{5}{12}$ (d) $1\frac{4}{5}-\frac{3}{5}$ (e) $4\frac{7}{9}-1\frac{1}{9}$

6 (a) $2-\frac{3}{4}$ (b) $5-\frac{2}{7}$ (c) $2-\frac{1}{5}$ (d) $4-\frac{2}{3}$ (e) $7\frac{1}{2}-2$

7 (a) $1\frac{1}{3}-\frac{2}{3}$ (b) $2\frac{2}{7}-\frac{5}{7}$ (c) $4\frac{1}{4}-\frac{3}{4}$ (d) $6\frac{3}{10}-\frac{7}{10}$ (e) $1\frac{2}{5}-\frac{4}{5}$

8 (a) $2\frac{1}{6}-1\frac{5}{6}$ (b) $5\frac{3}{8}-1\frac{7}{8}$ (c) $2\frac{5}{12}-1\frac{11}{12}$ (d) $5\frac{2}{9}-4\frac{5}{9}$ (e) $3\frac{4}{7}-2\frac{5}{7}$

9 (a) $\frac{1}{2}-\frac{1}{4}$ (b) $\frac{5}{6}-\frac{1}{2}$ (c) $\frac{7}{8}-\frac{3}{4}$ (d) $\frac{7}{9}-\frac{1}{3}$ (e) $\frac{3}{5}-\frac{3}{10}$

10 (a) $1\frac{1}{2}-\frac{1}{6}$ (b) $2\frac{7}{10}-\frac{2}{5}$ (c) $5\frac{1}{3}-3\frac{1}{6}$ (d) $4\frac{1}{4}-2\frac{1}{8}$ (e) $3\frac{3}{4}-1\frac{3}{8}$

11 (a) $\frac{1}{3}-\frac{1}{5}$ (b) $\frac{1}{4}-\frac{1}{9}$ (c) $\frac{1}{4}-\frac{1}{5}$ (d) $\frac{1}{7}-\frac{1}{9}$ (e) $\frac{1}{8}-\frac{1}{11}$

12 (a) $\frac{2}{3}-\frac{3}{5}$ (b) $\frac{3}{4}-\frac{2}{9}$ (c) $\frac{3}{4}-\frac{2}{5}$ (d) $\frac{4}{7}-\frac{2}{9}$ (e) $\frac{3}{8}-\frac{2}{11}$

13 (a) $1\frac{2}{3}-\frac{1}{5}$ (b) $2\frac{1}{4}-1\frac{2}{9}$ (c) $3\frac{3}{4}-2\frac{2}{5}$ (d) $4\frac{5}{7}-2\frac{2}{9}$ (e) $2\frac{5}{8}-\frac{5}{11}$

14 (a) $1\frac{1}{4}-\frac{5}{8}$ (b) $1\frac{1}{2}-\frac{5}{6}$ (c) $1\frac{3}{10}-\frac{4}{5}$ (d) $1\frac{1}{7}-\frac{3}{14}$ (e) $1\frac{1}{3}-\frac{5}{9}$

15 (a) $4\frac{2}{5}-1\frac{7}{10}$ (b) $3\frac{2}{9}-1\frac{2}{3}$ (c) $5\frac{5}{12}-2\frac{5}{6}$ (d) $2\frac{3}{8}-1\frac{3}{4}$ (e) $6\frac{1}{6}-3\frac{1}{2}$

16 (a) $6\frac{2}{5} - 2\frac{2}{3}$ (b) $4\frac{5}{9} - 1\frac{3}{4}$ (c) $5\frac{2}{5} - 1\frac{3}{4}$ (d) $3\frac{1}{9} - 2\frac{6}{7}$ (e) $5\frac{3}{8} - 1\frac{7}{11}$

17 (a) $8\frac{1}{2} - 1\frac{4}{5}$ (b) $3\frac{3}{10} - 1\frac{1}{3}$ (c) $4\frac{1}{4} - 1\frac{3}{7}$ (d) $8\frac{2}{5} - 3\frac{3}{4}$ (e) $4\frac{2}{9} - 1\frac{1}{2}$

18 (a) $\frac{5}{6} - \frac{3}{10}$ (b) $\frac{7}{8} - \frac{5}{12}$ (c) $\frac{3}{4} - \frac{1}{6}$ (d) $\frac{7}{9} - \frac{2}{15}$ (e) $\frac{11}{12} - \frac{7}{10}$

19 (a) $1\frac{7}{10} - \frac{1}{6}$ (b) $2\frac{7}{12} - 1\frac{3}{8}$ (c) $4\frac{5}{6} - 2\frac{1}{4}$ (d) $5\frac{7}{15} - 1\frac{2}{9}$ (e) $7\frac{9}{10} - 2\frac{5}{12}$

20 (a) $2\frac{1}{6} - 1\frac{5}{8}$ (b) $4\frac{5}{12} - 1\frac{9}{10}$ (c) $6\frac{5}{9} - 3\frac{5}{6}$ (d) $4\frac{3}{20} - 1\frac{7}{8}$ (e) $5\frac{1}{4} - 3\frac{5}{6}$

21 Subtract $7\frac{5}{8}$ from $10\frac{1}{6}$.

22 Take $5\frac{2}{3}$ from $9\frac{1}{5}$.

23 Find the difference between $2\frac{3}{7}$ and $4\frac{1}{2}$.

24 How much greater than $2\frac{7}{10}$ is $8\frac{5}{12}$?

NAME THE TOWNS

Find the numbers that the letters stand for. Copy the boxes below and write each letter in the box that has your answer above it. Your answer should give the town that is marked with the question number.

1 (i) $\frac{5}{8} - \frac{1}{8} = $ F   (ii) $\frac{3}{4} - \frac{1}{2} = $ A
    (iii) $1 - \frac{2}{5} = $ R   (iv) $\frac{7}{9} - \frac{2}{9} = $ C
    (v) $\frac{5}{6} - \frac{1}{6} = $ I   (vi) $\frac{4}{5} - \frac{1}{10} = $ D

$\frac{5}{9}$ $\frac{1}{4}$ $\frac{3}{5}$ $\frac{7}{10}$ $\frac{2}{3}$ $\frac{1}{2}$ $\frac{1}{2}$
☐ ☐ ☐ ☐ ☐ ☐ ☐

2 (i) $\frac{2}{3} - \frac{1}{6} = $ F   (ii) $1\frac{1}{2} - \frac{1}{3} = $ E
    (iii) $1\frac{3}{10} - \frac{1}{5} = $ L   (iv) $2\frac{1}{4} - \frac{5}{8} = $ S
    (v) $2\frac{7}{9} - 1\frac{2}{3} = $ T   (vi) $1\frac{5}{6} - \frac{7}{9} = $ A
    (vii) $3\frac{1}{5} - 1\frac{9}{10} = $ B

$1\frac{3}{10}$ $1\frac{1}{6}$ $1\frac{1}{10}$ $\frac{1}{2}$ $1\frac{1}{18}$ $1\frac{5}{8}$ $1\frac{1}{9}$
☐ ☐ ☐ ☐ ☐ ☐ ☐

3 (i) $\frac{2}{3} - \frac{1}{5} = $ M   (ii) $\frac{3}{4} - \frac{3}{8} = $ U   (iii) $2 - \frac{7}{10} = $ L   (iv) $1\frac{1}{5} - \frac{1}{2} = $ T
    (v) $3\frac{1}{9} - 1\frac{1}{3} = $ Y   (vi) $2\frac{2}{7} - \frac{1}{2} = $ P   (vii) $1\frac{1}{6} - \frac{1}{5} = $ O   (viii) $2\frac{1}{10} - 1\frac{4}{5} = $ H

$1\frac{11}{14}$ $1\frac{3}{10}$ $1\frac{7}{9}$ $\frac{7}{15}$ $\frac{29}{30}$ $\frac{3}{8}$ $\frac{7}{10}$ $\frac{3}{10}$
☐ ☐ ☐ ☐ ☐ ☐ ☐ ☐

4 (i) $1\frac{3}{7} - \frac{5}{14} = $ H (ii) $1\frac{3}{10} - \frac{4}{5} = $ I (iii) $2\frac{3}{8} - \frac{9}{16} = $ R (iv) $2\frac{5}{6} - \frac{11}{12} = $ D
(v) $5\frac{1}{2} - 1\frac{4}{7} = $ B (vi) $2\frac{2}{3} - 1\frac{4}{5} = $ U (vii) $1\frac{1}{8} - \frac{7}{12} = $ N (viii) $4 - 2\frac{3}{5} = $ G
(ix) $6\frac{3}{10} - 6\frac{1}{20} = $ E

$\frac{1}{4}$ $1\frac{11}{12}$ $\frac{1}{2}$ $\frac{13}{24}$ $3\frac{13}{14}$ $\frac{13}{15}$ $1\frac{13}{16}$ $1\frac{2}{5}$ $1\frac{1}{14}$
☐ ☐ ☐ ☐ ☐ ☐ ☐ ☐ ☐

5 (i) $2\frac{3}{5} - 1\frac{1}{6} = $ R (ii) $3\frac{1}{2} - 1\frac{7}{10} = $ I (iii) $5\frac{1}{4} - 2\frac{2}{3} = $ M (iv) $8\frac{7}{9} - 6\frac{5}{12} = $ H
(v) $3\frac{7}{8} - 1\frac{17}{20} = $ A (vi) $2\frac{1}{12} - 1\frac{5}{8} = $ N (vii) $2 - 1\frac{17}{20} = $ G (viii) $1\frac{4}{7} - \frac{3}{4} = $ B

$\frac{23}{28}$ $1\frac{4}{5}$ $1\frac{13}{20}$ $2\frac{7}{12}$ $1\frac{4}{5}$ $\frac{11}{24}$ $\frac{3}{20}$ $2\frac{13}{36}$ $1\frac{1}{40}$ $2\frac{7}{12}$
☐ ☐ ☐ ☐ ☐ ☐ ☐ ☐ ☐

MULTIPLICATION AND DIVISION OF FRACTIONS AND MIXED NUMBERS

Multiplication

$\frac{1}{3} + \frac{1}{3} = 2 \times \frac{1}{3} = \frac{2}{3}$

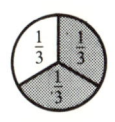

$\frac{1}{3}$ of $2 = \frac{1}{3} \times 2 = \frac{2}{3}$

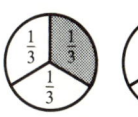

1 (a) $3 \times \frac{1}{5}$ (b) $5 \times \frac{1}{7}$ (c) $3 \times \frac{2}{7}$ (d) $\frac{3}{10} \times 3$ (e) $\frac{3}{20} \times 3$ (f) $\frac{3}{50} \times 7$

2 (a) $10 \times \frac{1}{3}$ (b) $14 \times \frac{2}{5}$ (c) $8 \times \frac{3}{7}$ (d) $\frac{7}{10} \times 9$ (e) $\frac{4}{11} \times 6$ (f) $\frac{16}{25} \times 2$

3 (a) $4 \times \frac{1}{4}$ (b) $6 \times \frac{1}{6}$ (c) $9 \times \frac{1}{9}$ (d) $\frac{1}{5} \times 5$ (e) $\frac{1}{7} \times 7$ (f) $\frac{1}{10} \times 10$

4 (a) $6 \times \frac{1}{2}$ (b) $12 \times \frac{2}{3}$ (c) $15 \times \frac{4}{5}$ (d) $\frac{5}{6} \times 18$ (e) $\frac{7}{9} \times 36$ (f) $\frac{3}{4} \times 12$

5 (a) $10 \times \frac{3}{4}$ (b) $15 \times \frac{3}{10}$ (c) $9 \times \frac{5}{6}$ (d) $\frac{3}{8} \times 20$ (e) $\frac{5}{12} \times 30$ (f) $\frac{11}{15} \times 40$

6 (a) $2 \times 1\frac{2}{5}$ (b) $4 \times 2\frac{2}{9}$ (c) $7 \times 3\frac{1}{10}$ (d) $1\frac{1}{3} \times 2$ (e) $4\frac{2}{11} \times 3$ (f) $1\frac{3}{10} \times 3$

7 (a) $5 \times 2\frac{2}{3}$ (b) $6 \times 4\frac{3}{5}$ (c) $9 \times 2\frac{1}{4}$ (d) $3\frac{3}{7} \times 4$ (e) $2\frac{9}{10} \times 3$ (f) $4\frac{7}{9} \times 2$

8 (a) $6 \times 1\frac{1}{3}$ (b) $8 \times 2\frac{1}{4}$ (c) $5 \times 3\frac{2}{5}$ (d) $4\frac{1}{2} \times 6$ (e) $3\frac{5}{6} \times 12$ (f) $1\frac{2}{7} \times 14$

9 (a) $12 \times 2\frac{3}{10}$ (b) $9 \times 1\frac{5}{6}$ (c) $6 \times 3\frac{3}{8}$ (d) $1\frac{5}{12} \times 8$ (e) $2\frac{1}{9} \times 12$ (f) $1\frac{3}{10} \times 15$

10 (a) $\frac{2}{3} \times \frac{4}{5}$ (b) $\frac{1}{6} \times \frac{5}{7}$ (c) $\frac{2}{9} \times \frac{4}{5}$ (d) $\frac{3}{10} \times \frac{1}{6}$ (e) $\frac{7}{12} \times \frac{8}{9}$ (f) $\frac{4}{7} \times \frac{5}{8}$

11 (a) $\frac{5}{8} \times \frac{4}{15}$ (b) $\frac{9}{10} \times \frac{5}{6}$ (c) $\frac{9}{14} \times \frac{2}{3}$ (d) $\frac{3}{4} \times \frac{8}{15}$ (e) $\frac{5}{12} \times \frac{3}{10}$ (f) $\frac{5}{14} \times \frac{7}{20}$

53

12 (a) $2\frac{1}{2} \times 1\frac{1}{4}$ (b) $2\frac{2}{3} \times 2\frac{1}{4}$ (c) $3\frac{1}{5} \times 3\frac{1}{4}$ (d) $1\frac{3}{8} \times 1\frac{5}{11}$ (e) $4\frac{1}{2} \times 2\frac{1}{3}$ (f) $1\frac{7}{10} \times 3\frac{1}{3}$

13 Find the area of rectangles with sides:

(a) 8 cm, $2\frac{1}{2}$ cm (b) $4\frac{7}{10}$ cm, 6 cm (c) 12 cm, $5\frac{1}{2}$ cm (d) $3\frac{1}{2}$ cm, $4\frac{1}{2}$ cm.

14 Calculate: (a) $\frac{1}{2}$ of $1\frac{3}{5}$ (b) $\frac{2}{3}$ of $2\frac{1}{4}$ (c) $\frac{3}{8}$ of $3\frac{1}{5}$ (d) $\frac{4}{5}$ of $7\frac{1}{2}$.

15 Calculate the weight of:

(a) 4 boxes each $1\frac{3}{8}$ kg (b) 7 boxes each $3\frac{1}{2}$ kg (c) 2 boxes each $4\frac{3}{4}$ kg.

16 (a) Add $\frac{3}{5}$ of £4 to $\frac{7}{10}$ of £3. (b) Add $\frac{3}{4}$ of £6 to $\frac{1}{2}$ of £7.
(c) Subtract $\frac{5}{8}$ of £4 from $\frac{5}{6}$ of £9. (d) Subtract $\frac{3}{10}$ of £5 from $\frac{7}{12}$ of £6.

17 John's father is $3\frac{1}{2}$ times as old as John. John is 13 years old. How old is his father?

18 A man leaves £15 000 in his will. His wife gets half and the eldest child gets one-third. The youngest child gets the rest.

(a) What fraction does the youngest child get?
(b) How much do they each get?

19 (a) $\frac{4}{5} \times \frac{3}{4} \times 10$ (b) $\frac{3}{8} \times \frac{4}{9} \times 2$ (c) $3 \times \frac{1}{2} \times \frac{4}{9}$ (d) $\frac{4}{5} \times 10 \times \frac{5}{8}$

20 (a) $1\frac{1}{2} \times 2\frac{1}{3} \times \frac{6}{7}$ (b) $3\frac{1}{5} \times 4\frac{1}{2} \times 1\frac{2}{3}$ (c) $15 \times 1\frac{4}{5} \times \frac{11}{12}$ (d) $2\frac{7}{10} \times 2\frac{2}{3} \times \frac{5}{9}$

21 Find the volume of a box with sides:

(a) $2\frac{1}{2}$, $4\frac{1}{4}$ and 8 units (b) 7, $2\frac{2}{5}$ and $3\frac{1}{3}$ units (c) $1\frac{3}{5}$, 10 and $4\frac{3}{4}$ units.

Division

22 (a) $\frac{4}{5} \div 3$ (b) $\frac{5}{7} \div 2$ (c) $\frac{2}{3} \div 3$ (d) $\frac{3}{10} \div 4$ (e) $\frac{1}{2} \div 6$ (f) $\frac{5}{6} \div 4$ (g) $\frac{4}{7} \div 3$

23 (a) $\frac{8}{9} \div 2$ (b) $\frac{4}{5} \div 4$ (c) $\frac{9}{11} \div 3$ (d) $\frac{10}{13} \div 5$ (e) $\frac{6}{7} \div 2$ (f) $\frac{8}{9} \div 4$ (g) $\frac{9}{10} \div 3$

24 (a) $1\frac{3}{5} \div 4$ (b) $2\frac{1}{2} \div 5$ (c) $3\frac{3}{4} \div 5$ (d) $7\frac{1}{2} \div 3$ (e) $5\frac{2}{5} \div 9$ (f) $2\frac{2}{7} \div 8$ (g) $5\frac{5}{6} \div 7$

25 $2\frac{1}{2} \div \frac{1}{2}$ can be thought of as 'How many halves are there in $2\frac{1}{2}$?' $2\frac{1}{2} \div \frac{1}{2} = 5$.
How many halves are there in:

(a) 2 (b) $1\frac{1}{2}$ (c) 3 (d) $4\frac{1}{2}$ (e) 7 (f) $8\frac{1}{2}$ (g) 9 (h) $12\frac{1}{2}$ (i) $13\frac{1}{2}$?

26 How many quarters are there in:

(a) $\frac{1}{2}$ (b) $1\frac{1}{2}$ (c) $2\frac{1}{2}$ (d) 4 (e) 5 (f) $5\frac{1}{2}$ (g) $6\frac{1}{2}$ (h) $1\frac{1}{4}$ (i) $2\frac{3}{4}$ (j) $13\frac{1}{4}$?

27 Sugar is packed into $\frac{1}{2}$ kg bags. How many bags are there in:

(a) 1 kg (b) $2\frac{1}{2}$ kg (c) $3\frac{1}{2}$ kg (d) 6 kg (e) $7\frac{1}{2}$ kg (f) 8 kg (g) $9\frac{1}{2}$ kg?

28 Biscuits are in $\frac{1}{4}$ kg packets. How many packets are needed to weigh:

(a) 1 kg (b) 2 kg (c) $3\frac{1}{2}$ kg (d) $4\frac{1}{2}$ kg (e) 6 kg (f) $1\frac{3}{4}$ kg (g) $2\frac{1}{4}$ kg?

Mixed problems

29 A fish tank holds 64 litres of water when full. How much water does it contain when it is: (a) $\frac{3}{4}$ full (b) $\frac{5}{16}$ full (c) $\frac{7}{8}$ full (d) $\frac{11}{32}$ full?

30 A factory hand assembles 1 machine every $1\frac{3}{4}$ hours.
How long will he take to assemble these numbers of machines?

(a) 8 (b) 12 (c) 20 (d) 6 (e) 10 (f) 18 (g) 22 (h) 13 (i) 17 (j) 19

31 A lorry has to move $47\frac{1}{2}$ tonnes of rubble. This is done in 4 journeys, each with an equal load. How much is taken on each journey?

32 A plant grows $\frac{1}{2}$ centimetre a week. How many weeks will it be before its height is:

(a) 4 cm (b) $6\frac{1}{2}$ cm (c) 10 cm?

33 A carpenter uses planks that are $12\frac{3}{4}$ metres long. He pays £8 for each one. Find the cost of buying these numbers of planks:

(a) 2 (b) 8 (c) 10 (d) 16 (e) 24 (f) 42 (g) $7\frac{1}{2}$ (h) $12\frac{1}{2}$ (i) $18\frac{1}{2}$

FRACTION AND MIXED NUMBER PUZZLES

1

$\frac{4}{5}$	$\frac{1}{10}$	$\frac{3}{5}$
$\frac{3}{10}$	$\frac{1}{2}$	$\frac{7}{10}$
$\frac{2}{5}$	$\frac{9}{10}$	$\frac{1}{5}$

Add the fractions in each row, column and diagonal. What are the totals in each case?
You should find that they are all equal. When this is so we have a *magic square*.

2 Which of these are magic squares?
If they are magic find the total for each line.

(a)

2	$\frac{1}{4}$	$1\frac{1}{2}$
$\frac{3}{4}$	$1\frac{1}{4}$	$1\frac{3}{4}$
1	$2\frac{1}{4}$	$\frac{1}{2}$

(b)

1	$1\frac{1}{6}$	$\frac{1}{3}$
$\frac{1}{6}$	$\frac{5}{6}$	$1\frac{1}{2}$
$1\frac{1}{3}$	$\frac{1}{2}$	$\frac{2}{3}$

(c)

$\frac{1}{6}$	$\frac{3}{4}$	$\frac{1}{3}$
$\frac{7}{12}$	$\frac{5}{12}$	$\frac{1}{4}$
$\frac{1}{2}$	$\frac{1}{12}$	$\frac{2}{3}$

3 Find the missing numbers to complete these magic squares:

(a)
$1\frac{3}{8}$	$\frac{3}{4}$	$\frac{7}{8}$
	$1\frac{1}{4}$	$\frac{5}{8}$

(b)
$1\frac{1}{5}$	$2\frac{1}{5}$	
1	$1\frac{2}{5}$	$1\frac{4}{5}$

(c)
$1\frac{1}{5}$	$\frac{9}{10}$	
	$1\frac{1}{2}$	$\frac{3}{10}$
	$2\frac{1}{10}$	$1\frac{4}{5}$

(d)
$2\frac{9}{10}$	$\frac{4}{5}$	$2\frac{3}{10}$
$1\frac{7}{10}$		$1\frac{1}{10}$

(e)
	$\frac{8}{9}$	
	$1\frac{1}{3}$	$\frac{4}{9}$
$\frac{2}{3}$	$1\frac{7}{9}$	

(f)
$\frac{3}{4}$		$\frac{1}{2}$
$\frac{5}{16}$		
$\frac{5}{8}$	$\frac{11}{16}$	

4

A	B	C
D	E	F
G	H	I

Copy the figure but leave the spaces empty.
Solve each of the clues and write them in the nine spaces.
The result will be a magic square.

A $\frac{3}{10} \times 1\frac{1}{9}$ B $\frac{5}{8} \times \frac{2}{5}$ C $1\frac{1}{2} \times \frac{4}{9}$ D $\frac{5}{12} \times 1\frac{4}{5}$ E $3\frac{1}{3} \div 8$
F $\frac{4}{9} \times \frac{3}{16}$ G $\frac{2}{15} \times 1\frac{1}{4}$ H $2\frac{1}{3} \div 4$ I $\frac{3}{42} \times 7$

HOW WE SPENT A DAY

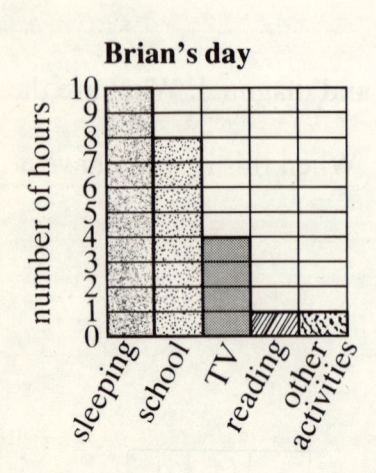

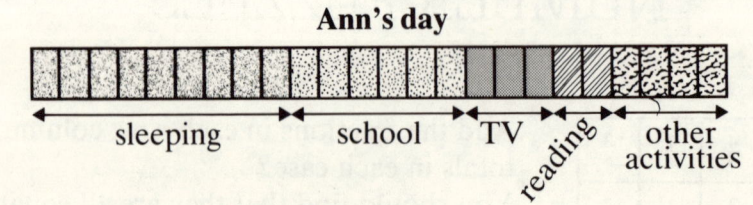

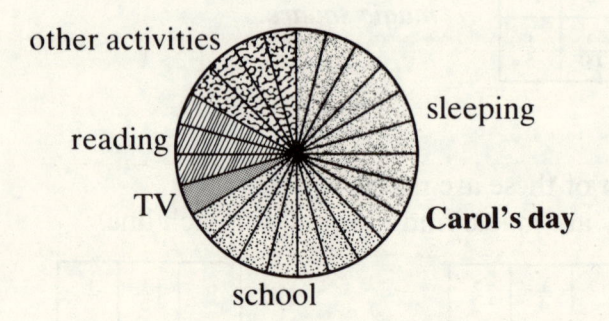

Brian's day

Ann's day — sleeping, school, TV, reading, other activities

Carol's day — sleeping, school, TV, reading, other activities

56

1 (a) Check that the total number of hours shown in each graph is 24.
   (b) What fraction of the day did Ann spend sleeping?
   (c) What fraction of the day did Carol spend watching TV?
   (d) What fraction of the day does Brian spend at school?

2 Carol's pie graph shows 24 hours. There are 360° in a circle.
   (a) How many degrees represent one hour?
   (b) How many degrees represent: (i) 2 hours   (ii) $\frac{1}{2}$ hour   (iii) 20 minutes?

3 Copy and complete this table based on Carol's day.

	Sleeping	School	TV	Reading	Other activities
Number of hours					
Degrees					
Fraction of the day					

4 Copy and complete this table based on Ann's day and Brian's day.

	Sleeping	School	TV	Reading	Other activities
Ann Number of hours					
Fraction of the day					
Brian Number of hours					
Fraction of the day					

5 Daphne completed this table to show how she spent a day.

	Sleeping	School	TV	Reading	Other activities
Number of hours	7	6	3	2	6
Fraction of the day					

Copy the table and complete the bottom row.
(a) Draw a rectangle like Ann's, with 24 equal strips. Each strip will represent one hour. Shade the rectangle to show how Daphne spent her day.
(b) Draw a pie graph to show Daphne's day.
    An angle of 15° will represent one hour $\left(\frac{360°}{24} = 15°\right)$.
(c) Draw a block graph to show how Daphne spent her day.

FRACTIONS ON A GRID

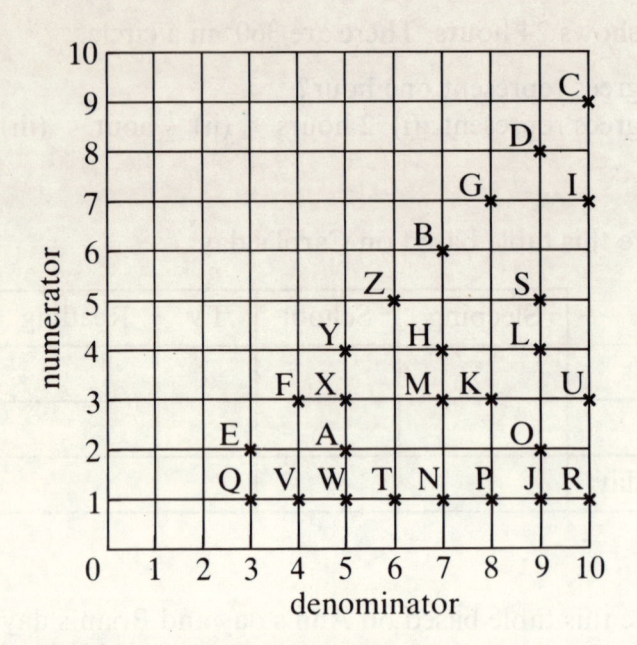

Each letter of the alphabet can be written as a fraction.

A is $\dfrac{2\text{——Numerator}}{5\text{——Denominator}}$

1 What fraction is represented by: **(a)** E **(b)** N **(c)** G **(d)** L **(e)** I **(f)** S **(g)** H?

2 Write MULTIPLY using fractions instead of letters.

3 What words do these fractions represent? **(a)** $\frac{5}{9}, \frac{3}{10}, \frac{6}{7}, \frac{1}{6}, \frac{1}{10}, \frac{2}{5}, \frac{9}{10}, \frac{1}{6}$
(b) $\frac{9}{10}, \frac{2}{3}, \frac{1}{7}, \frac{1}{6}, \frac{7}{10}, \frac{3}{7}, \frac{2}{3}, \frac{1}{6}, \frac{1}{10}, \frac{2}{3}$ **(c)** $\frac{5}{9}, \frac{1}{3}, \frac{3}{10}, \frac{2}{5}, \frac{1}{10}, \frac{2}{3}$

4 Simplify each of these and find the names of animals:

(a) $\frac{3}{5} - \frac{13}{30}, \frac{1}{5} + \frac{1}{2}, 3\frac{1}{2} \div 4, \frac{1}{6} \times 4, \frac{1}{4} - \frac{3}{20}$

(b) $4\frac{1}{2} \div 5, \frac{3}{4} - \frac{5}{28}, \frac{1}{12} \times 8, \frac{5}{6} - \frac{1}{6}, 1\frac{1}{2} \div 9, \frac{3}{10} + \frac{1}{10}, 1 - \frac{3}{7}$

(c) $\frac{3}{14} + \frac{3}{14}, \frac{2}{3} - \frac{4}{9}, 3 \div 21, \frac{1}{4} + \frac{1}{8}, \frac{1}{2} + \frac{1}{6}, \frac{2}{3}$ of $1\frac{1}{5}$

(d) $2 - 1\frac{1}{8}, \frac{1}{3}$ of $\frac{2}{3}, \frac{3}{4} - \frac{13}{20}, 3\frac{1}{2} \div 5, \frac{1}{3} + \frac{1}{9}, \frac{2}{27} \times 6, 2\frac{4}{5} \div 7$

5 Name the shape formed by joining these points:

(a) $\frac{7}{10} + \frac{1}{20}, \frac{13}{21} - \frac{4}{21}, 1\frac{5}{7} \div 12, \frac{1}{2}$ of $\frac{1}{2}$

(b) $\frac{7}{8} - \frac{3}{4}, \frac{1}{16} + \frac{5}{16}, \frac{2}{7}$ of $1\frac{1}{20}, 1\frac{1}{2} \div 15$

(c) $1\frac{1}{4} - \frac{3}{8}, \frac{3}{5} \div \frac{7}{6}, \frac{1}{4} + \frac{1}{20}, \frac{4}{5} \times \frac{15}{16}$

(d) $\frac{1}{3}$ of $1\frac{5}{7}, 8 \div 18, \frac{1}{3} + \frac{2}{21}, \frac{9}{10} - \frac{3}{10}$

(e) $3\frac{3}{5} \div 4, \frac{1}{10}$ of $3\frac{1}{3}, \frac{7}{12} - \frac{5}{24}$

DOES THE ORDER MATTER?

1 Find the answers and check that they are the same for each pair:

(a) $\frac{2}{3} + \frac{3}{4}, \frac{3}{4} + \frac{2}{3}$ (b) $\frac{7}{10} + \frac{2}{5}, \frac{2}{5} + \frac{7}{10}$ (c) $1\frac{1}{2} + \frac{3}{7}, \frac{3}{7} + 1\frac{1}{2}$ (d) $2\frac{4}{5} + 1\frac{1}{3}, 1\frac{1}{3} + 2\frac{4}{5}$

(e) $\frac{2}{3} \times \frac{3}{4}, \frac{3}{4} \times \frac{2}{3}$ (f) $\frac{7}{10} \times \frac{2}{5}, \frac{2}{5} \times \frac{7}{10}$ (g) $1\frac{1}{2} \times \frac{3}{7}, \frac{3}{7} \times 1\frac{1}{2}$ (h) $2\frac{4}{5} \times 1\frac{1}{3}, 1\frac{1}{3} \times 2\frac{4}{5}$

2 Find the answers and check that they are *not* the same for each pair:

(a) $\frac{3}{4} - \frac{2}{3}, \frac{2}{3} - \frac{3}{4}$ (b) $\frac{7}{10} - \frac{2}{5}, \frac{2}{5} - \frac{7}{10}$ (c) $1\frac{1}{2} - \frac{3}{7}, \frac{3}{7} - 1\frac{1}{2}$ (d) $2\frac{4}{5} - 1\frac{1}{3}, 1\frac{1}{3} - 2\frac{4}{5}$

(e) $7 \div 2, 2 \div 7$ (f) $10 \div 2, 2 \div 10$ (g) $8 \div 3, 3 \div 8$ (h) $10 \div 100, 100 \div 10$

3 Work out the brackets first. Show the full working as in the example.

Example $(\frac{1}{2} + \frac{1}{4}) + \frac{1}{3} = \frac{3}{4} + \frac{1}{3} = \frac{9+4}{12} = \frac{13}{12} = 1\frac{1}{12}$

$\frac{1}{2} + (\frac{1}{4} + \frac{1}{3}) = \frac{1}{2} + \frac{3+4}{12} = \frac{6}{12} + \frac{7}{12} = \frac{13}{12} = 1\frac{1}{12}$

The answers are the same.

(a) $(\frac{3}{4} + \frac{1}{4}) + \frac{1}{2}, \frac{3}{4} + (\frac{1}{4} + \frac{1}{2})$ (b) $(\frac{2}{3} + \frac{1}{6}) + \frac{5}{6}, \frac{2}{3} + (\frac{1}{6} + \frac{5}{6})$

(c) $(\frac{1}{2} + \frac{1}{5}) + \frac{3}{10}, \frac{1}{2} + (\frac{1}{5} + \frac{3}{10})$ (d) $(1\frac{1}{2} + \frac{1}{4}) + \frac{3}{5}, 1\frac{1}{2} + (\frac{1}{4} + \frac{3}{5})$

(e) $(\frac{7}{10} + 4\frac{1}{2}) + \frac{1}{2}, \frac{7}{10} + (4\frac{1}{2} + \frac{1}{2})$ (f) $(2\frac{3}{7} + 1\frac{5}{7}) + \frac{1}{3}, 2\frac{3}{7} + (1\frac{5}{7} + \frac{1}{3})$

(g) $(\frac{2}{3} \times \frac{4}{5}) \times \frac{1}{8}, \frac{2}{3} \times (\frac{4}{5} \times \frac{1}{8})$ (h) $(\frac{1}{2} \times 10) \times \frac{2}{5}, \frac{1}{2} \times (10 \times \frac{2}{5})$

(i) $(4 \times \frac{3}{8}) \times \frac{2}{7}, 4 \times (\frac{3}{8} \times \frac{2}{7})$ (j) $(\frac{2}{7} \times \frac{14}{15}) \times 5, \frac{2}{7} \times (\frac{14}{15} \times 5)$

(k) $(\frac{1}{8} \times \frac{1}{10}) \times \frac{1}{3}, \frac{1}{8} \times (\frac{1}{10} \times \frac{1}{3})$ (l) $(5 \times 6) \times \frac{4}{15}, 5 \times (6 \times \frac{4}{15})$

4 In question 3 the answers to each pair were the same.
In these questions you will find they are always different.

(a) $(\frac{3}{4} - \frac{1}{2}) - \frac{1}{5}, \frac{3}{4} - (\frac{1}{2} - \frac{1}{5})$ (b) $(\frac{7}{10} - \frac{1}{4}) - \frac{1}{5}, \frac{7}{10} - (\frac{1}{4} - \frac{1}{5})$ (c) $(\frac{7}{8} - \frac{1}{2}) - \frac{1}{8}, \frac{7}{8} - (\frac{1}{2} - \frac{1}{8})$

(d) $(\frac{3}{4} - \frac{1}{2}) + \frac{1}{5}, \frac{3}{4} - (\frac{1}{2} + \frac{1}{5})$ (e) $(\frac{7}{10} - \frac{1}{4}) + \frac{1}{5}, \frac{7}{10} - (\frac{1}{4} + \frac{1}{5})$ (f) $(\frac{7}{8} - \frac{1}{2}) + \frac{1}{8}, \frac{7}{8} - (\frac{1}{2} + \frac{1}{8})$

(g) $(\frac{3}{4} \times \frac{1}{2}) + \frac{1}{5}, \frac{3}{4} \times (\frac{1}{2} + \frac{1}{5})$ (h) $(\frac{7}{10} \times \frac{1}{4}) + \frac{1}{5}, \frac{7}{10} \times (\frac{1}{4} + \frac{1}{5})$ (i) $(\frac{7}{8} \times \frac{1}{2}) + \frac{1}{8}, \frac{7}{8} \times (\frac{1}{2} + \frac{1}{8})$

5 First write down whether or not the answers will be the same for each pair. Then work them out and check your answers.

(a) $(\frac{1}{2} \times \frac{1}{6}) \div 4, \frac{1}{2} \times (6 \div 4)$ (b) $(\frac{1}{3} \div 8) \times \frac{1}{4}, \frac{1}{3} \div (8 \times \frac{1}{4})$

(c) $(\frac{5}{8} \div 4) + 1, \frac{5}{8} \div (4 + 1)$ (d) $(\frac{4}{5} + \frac{3}{10}) - \frac{1}{10}, \frac{4}{5} + (\frac{3}{10} - \frac{1}{10})$

(e) $(\frac{1}{2} - \frac{1}{4}) \times \frac{2}{3}, \frac{1}{2} - (\frac{1}{4} \times \frac{2}{3})$ (f) $(\frac{9}{10} - \frac{1}{5}) \times 4, \frac{9}{10} - (\frac{1}{5} \times 4)$

6 The answer in each pair is the same. Choose the easiest of the two ways to work out the answer.

(a) $(1\frac{3}{8} + 4\frac{3}{7}) + \frac{5}{8}, 4\frac{3}{7} + (1\frac{3}{8} + \frac{5}{8})$ (b) $(5\frac{3}{4} + \frac{8}{11}) + 1\frac{1}{4}, (5\frac{3}{4} + 1\frac{1}{4}) + \frac{8}{11}$

(c) $(\frac{3}{8} + \frac{1}{6}) - \frac{3}{8}, (\frac{3}{8} - \frac{3}{8}) + \frac{1}{6}$ (d) $(2\frac{5}{6} \times 12) \times \frac{1}{5}, (2\frac{5}{6} \times \frac{1}{5}) \times 12$

(e) $(1\frac{3}{10} \times 2\frac{1}{2}) \times 10, 2\frac{1}{2} \times (1\frac{3}{10} \times 10)$ (f) $8 \times (\frac{7}{8} \times 1\frac{3}{7}), 1\frac{3}{7} \times (\frac{7}{8} \times 8)$

PROGRESS CHECK 2

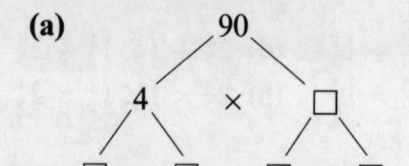

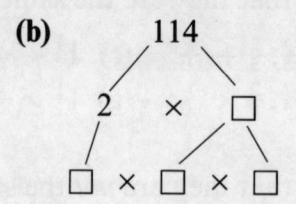

1 Copy and complete

(a) Factor tree: 90 = 4 × □, then □ × □ × □ × □

(b) Factor tree: 114 = 2 × □, then □ × □ × □

2 List all the factors of 45.

3 Find (a) the common factors and (b) the Highest Common Factor of 24 and 30.

4 List the prime numbers between 20 and 40.

5 (a) Write 1982 as a Roman numeral.
(b) Write MDXC as an Arabic numeral.

6 Copy and complete these number patterns:

(a) 8, 11, 14, ___, ___, ___, ___, ___, ___
(b) 768, 384, 192, ___, ___, ___, ___, ___, ___

7 Square these numbers: (a) 9 (b) 30 (c) 15 (d) 1.3 (e) 9.8

8 Find the square root of: (a) 100 (b) 81 (c) 256 (d) 1 (e) 1.44

9 Write the fraction shaded in its lowest term.

10 Copy and complete: (a) $\frac{4}{5} = \frac{□}{20} = \frac{12}{△}$ (b) $\frac{15}{40} = \frac{□}{8} = \frac{9}{△}$

11 Write these in order of size, the smallest first (a) $\frac{2}{3}, \frac{3}{4}, \frac{2}{5}$ (b) $\frac{4}{9}, \frac{1}{2}, \frac{7}{18}$

12 Add. Give your answers in their lowest terms.

(a) $\frac{3}{7} + \frac{2}{7}$ (b) $\frac{5}{8} + \frac{7}{8}$ (c) $\frac{3}{4} + \frac{1}{12}$ (d) $\frac{4}{9} + \frac{2}{3}$
(e) $\frac{1}{6} + \frac{2}{5}$ (f) $\frac{9}{10} + \frac{1}{3}$ (g) $1\frac{1}{2} + \frac{1}{3}$ (h) $2\frac{3}{5} + 1\frac{1}{10}$
(i) $3\frac{5}{7} + 1\frac{1}{2}$ (j) $1\frac{5}{6} + 2\frac{1}{4}$ (k) $4\frac{7}{8} + 1\frac{5}{6}$ (l) $1\frac{3}{4} + 2\frac{7}{10}$
(m) $1\frac{1}{4} + \frac{3}{8} + \frac{1}{2}$ (n) $2\frac{1}{3} + \frac{5}{6} + 1\frac{1}{3}$ (o) $5\frac{1}{2} + 1\frac{3}{10} + 1\frac{2}{5}$ (p) $3\frac{5}{6} + 1\frac{1}{3} + 1\frac{2}{9}$
(q) $4\frac{3}{5} + 1\frac{7}{10} + 2\frac{4}{5}$

13 Subtract. Give your answers in their lowest terms.

(a) $\frac{4}{5} - \frac{1}{5}$ (b) $\frac{7}{9} - \frac{5}{9}$ (c) $\frac{7}{10} - \frac{1}{5}$ (d) $\frac{8}{9} - \frac{2}{3}$ (e) $\frac{1}{2} - \frac{2}{7}$ (f) $\frac{5}{6} - \frac{2}{5}$
(g) $2 - 1\frac{1}{8}$ (h) $3\frac{3}{4} - 1\frac{1}{8}$ (i) $4\frac{2}{3} - 3\frac{1}{6}$ (j) $2\frac{1}{4} - 1\frac{5}{8}$ (k) $3\frac{1}{5} - 1\frac{7}{10}$ (l) $2\frac{2}{7} - 1\frac{1}{2}$

14 Find the Lowest Common Multiple of (a) 12 and 9   (b) 15 and 20.

15 Multiply. Give your answers in their lowest terms.

(a) $4 \times \frac{1}{7}$ (b) $3 \times \frac{3}{10}$ (c) $2 \times \frac{2}{3}$ (d) $5 \times \frac{3}{8}$ (e) $14 \times \frac{2}{7}$ (f) $10 \times \frac{5}{8}$

(g) $3 \times 1\frac{3}{4}$ (h) $2\frac{3}{5} \times 5$ (i) $\frac{3}{7} \times \frac{1}{2}$ (j) $\frac{9}{10} \times \frac{8}{15}$ (k) $1\frac{1}{2} \times 1\frac{1}{3}$ (l) $2\frac{2}{5} \times 1\frac{1}{4}$

16 Find the area of a rectangle $2\frac{3}{4}$ cm long and $1\frac{3}{5}$ cm wide.

17 Divide. Give your answers in their lowest terms.

(a) $\frac{3}{5} \div 2$ (b) $\frac{7}{10} \div 3$ (c) $\frac{6}{7} \div 2$ (d) $\frac{9}{10} \div 3$ (e) $2\frac{1}{4} \div 3$ (f) $7\frac{1}{2} \div 5$

18 Ann, Brian and Carol share 48 sweets. Ann has $\frac{1}{4}$ of them, Brian $\frac{2}{3}$ and Carol has the rest.

(a) What fraction does Carol have?
(b) How many sweets do they each get?

19 A sack of potatoes weighs 72 kilograms. One third was sold and a quarter was given away.

(a) What fraction remains? What weight remains?
(b) How many kilograms were (i) sold   (ii) given away?

20 Copy and complete this magic square:

$1\frac{1}{5}$	$2\frac{1}{5}$	
	$1\frac{2}{5}$	
		$1\frac{3}{5}$

21 Calculate the volume of a box with sides 8 cm, $2\frac{1}{2}$ cm and $4\frac{2}{5}$ cm.

22 Our favourite colours

R red
B blue
G green
Y yellow

Each pupil in a class named the one colour they liked best.

(a) How many pupils were in the class?
(b) Find the difference in the number choosing red and the number choosing yellow.
(c) How many did *not* choose green?
(d) What fraction of the class chose:
   (i) red   (ii) blue   (iii) yellow?

23 Write Yes if a pair have the same answer and No if they do not:

(a) $\frac{3}{4} + \frac{2}{3}, \frac{2}{3} + \frac{3}{4}$ (b) $8 \times \frac{11}{14}, \frac{11}{14} \times 8$ (c) $24 \div 3, 3 \div 24$

(d) $(1\frac{1}{2} + \frac{4}{5}) + \frac{3}{10}, 1\frac{1}{2} + (\frac{4}{5} + \frac{3}{10})$ (e) $(5 - 1\frac{2}{3}) + \frac{1}{2}, 5 - (1\frac{2}{3} + \frac{1}{2})$

3 DECIMALS, GRAPHS, CHARTS AND TABLES

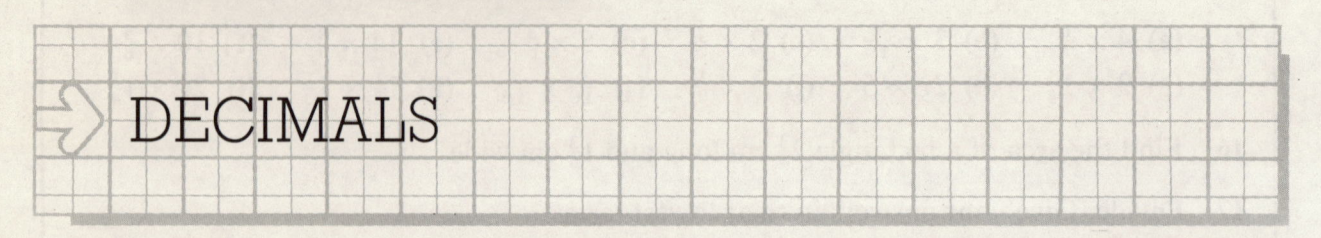

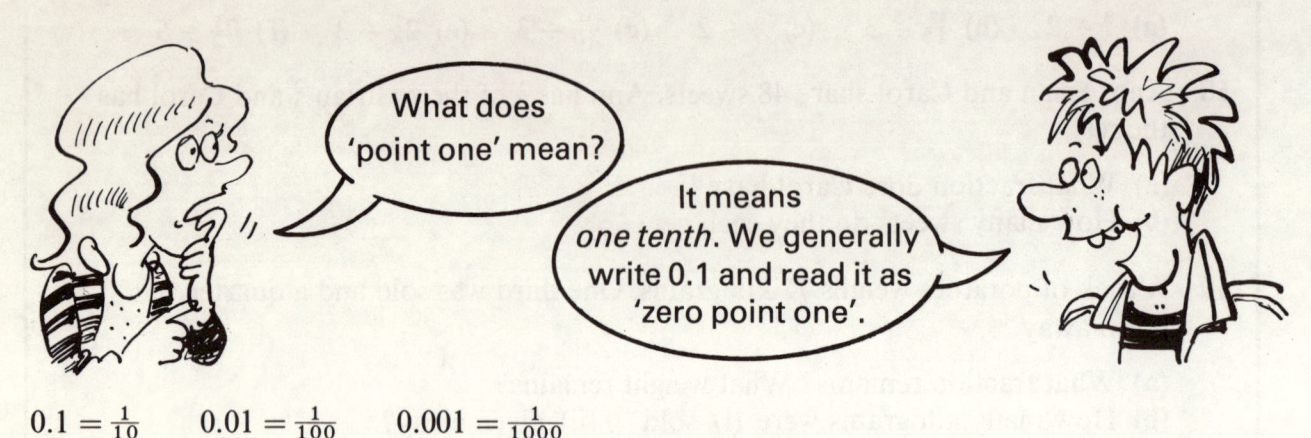

DECIMALS

"What does 'point one' mean?"

"It means *one tenth*. We generally write 0.1 and read it as 'zero point one'."

$0.1 = \frac{1}{10}$ $0.01 = \frac{1}{100}$ $0.001 = \frac{1}{1000}$

1 Write the shaded amount as a fraction and as a decimal. The first and last ones have been done for you.

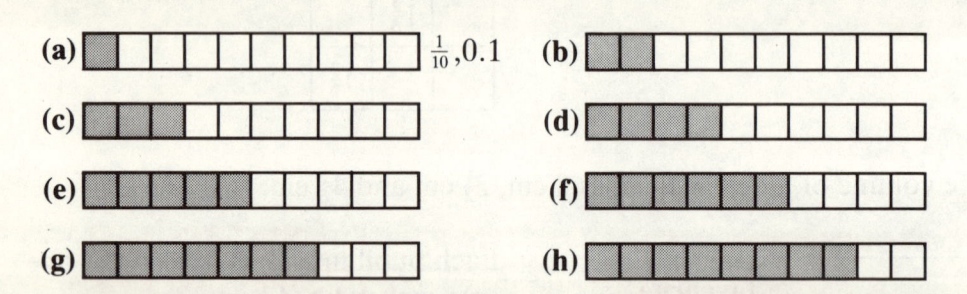

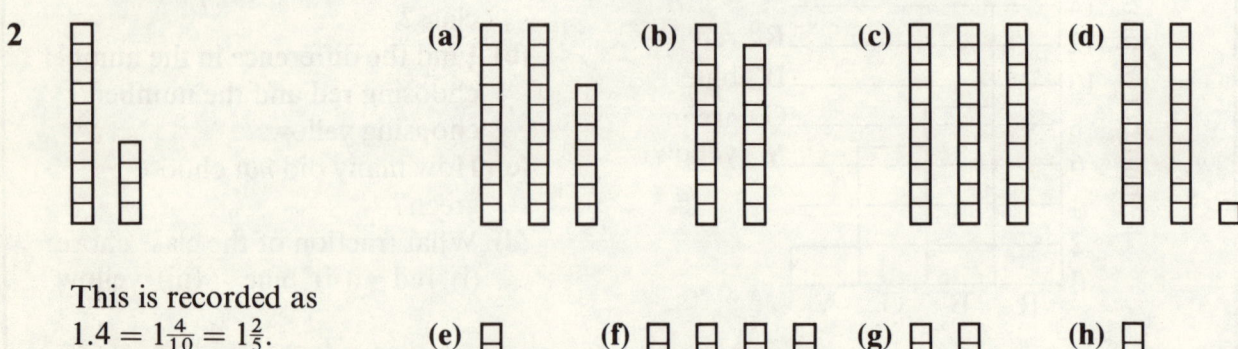

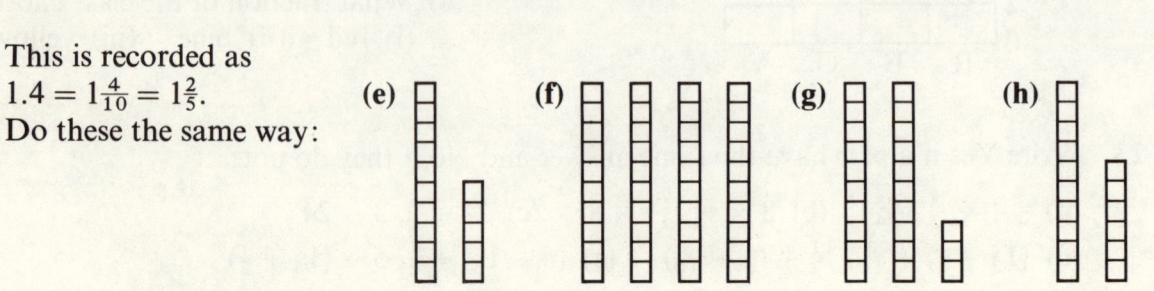

(a) $\frac{1}{10}$, 0.1   (b)
(c)   (d)
(e)   (f)
(g)   (h)
(i)   (j) $\frac{10}{10}$, 1.0

2 (a) (b) (c) (d)

This is recorded as
$1.4 = 1\frac{4}{10} = 1\frac{2}{5}$.
Do these the same way:

(e) (f) (g) (h)

3

A B C D E F G H I J
├┼┼┼┼┼┼┼┼┼┼┼┼┼┼┼┼┼┼┼┼┼┼┼┼┼┼┼┼┤
0   1   2   3

(a) A is 0.2. Write down the value of all the other points, B to J, as decimals.

(b) Draw the number line. Mark these points using the letters K to X:

K 1.2,   L 2.3,   M 1.0,   N 0.1,   O 0.9,   P 2.1,   Q 1.8
R 0.3,   S 2.4,   T 0.6,   U 2.6,   V 1.3,   W 0.4,   X 1.6

4 Write these as decimals:

(a) $3\frac{7}{10}$ (b) $1\frac{9}{10}$ (c) $\frac{3}{10}$ (d) $2\frac{6}{10}$ (e) $\frac{8}{10}$ (f) $1\frac{2}{10}$ (g) $4\frac{1}{10}$ (h) $\frac{1}{5}$

(i) $\frac{1}{2}$ (j) $\frac{4}{5}$ (k) $1\frac{3}{5}$ (l) $3\frac{2}{5}$ (m) $4\frac{1}{5}$ (n) $6\frac{3}{5}$

5 Write as fractions or mixed numbers in their lowest terms:

(a) 3.7   (b) 1.5   (c) 2.4   (d) 3.8   (e) 0.6   (f) 7.9   (g) 4.1   (h) 5.2
(i) 0.8   (j) 3.3   (k) 2.7   (l) 1.4   (m) 6.2   (n) 2.8

□ this is $\frac{1}{100}$ or 0.01

$\frac{1}{10} + \frac{4}{100}$ is shaded, that is 0.14

$\frac{1}{10} = \frac{10}{100}$ so $\frac{1}{10} + \frac{4}{100} = \frac{14}{100} = \frac{7}{50}$

6 Write the amount shaded as a decimal and as a fraction in its lowest terms:

(a) (b) (c) (d)

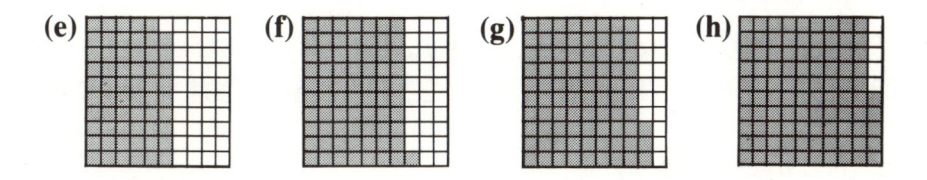

(e) (f) (g) (h)

7 Write as decimals:

(a) $\frac{7}{100}$ (b) $\frac{11}{100}$ (c) $\frac{43}{100}$ (d) $1\frac{9}{100}$ (e) $2\frac{21}{100}$ (f) $4\frac{16}{100}$ (g) $13\frac{25}{100}$

(h) $\frac{3}{20}$ (i) $\frac{7}{20}$ (j) $\frac{19}{20}$ (k) $\frac{9}{25}$ (l) $\frac{1}{25}$ (m) $\frac{11}{25}$ (n) $\frac{3}{25}$

(o) $\frac{1}{4}$ (p) $\frac{3}{4}$ (q) $\frac{19}{50}$ (r) $\frac{21}{50}$ (s) $\frac{1}{50}$ (t) $\frac{47}{50}$ (u) $\frac{11}{50}$

8 Write as fractions or mixed numbers in their lowest terms:

(a) 0.37   (b) 0.81   (c) 0.09   (d) 1.29   (e) 3.61   (f) 8.07   (g) 5.41
(h) 0.24   (i) 0.42   (j) 1.96   (k) 2.85   (l) 6.36   (m) 1.10   (n) 4.40

9
```
     A B C  D E   F  G H I J
    |_|_|_|_|_|_|_|_|_|_|_|_|_|_|_|_|_|_|_|_|_|_|_|_|_|
   0.0       0.1        0.2
```

(a) A is 0.04. Write down the value of all the other points, B to J, as decimals.
(b) Draw the number line. Mark these points on it using the letters K to Q:

K 0.01,   L 0.05,   M 0.09,   N 0.12,   O 0.17,   P 0.2,   Q 0.22

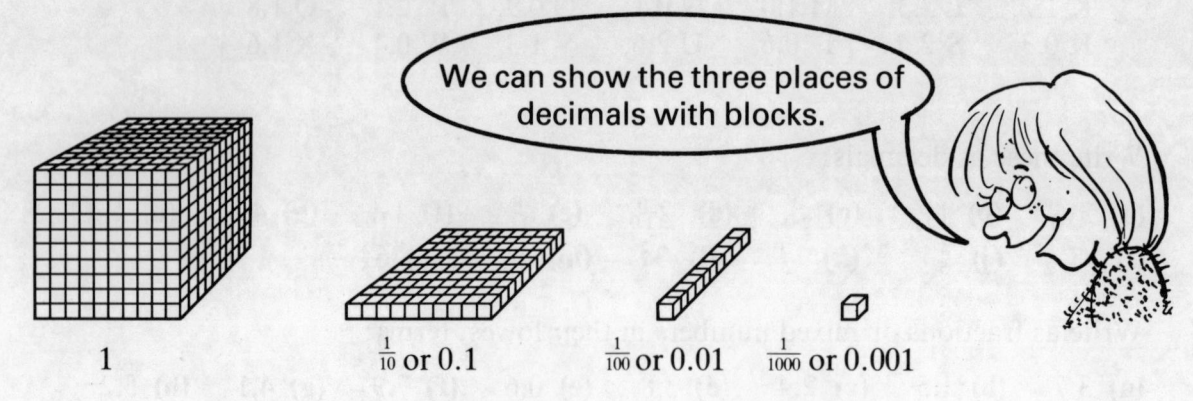

> We can show the three places of decimals with blocks.

1    $\frac{1}{10}$ or 0.1 $\frac{1}{100}$ or 0.01 $\frac{1}{1000}$ or 0.001

10 Use blocks or squared paper to represent:

(a) 0.006   (b) 0.008   (c) 0.009   (d) 0.015   (e) 0.039   (f) 0.042
(g) 0.176   (h) 0.662   (i) 0.245   (j) 0.308   (k) 1.843   (l) 2.176

11
```
     A   B   C D E    F G    H   I    J
    |_|_|_|_|_|_|_|_|_|_|_|_|_|_|_|_|_|_|_|_|_|_|_|_|_|
   0.000     0.010      0.020      0.030
```

(a) Write down the value of the points A to J as decimals.
(b) Draw the number line. Mark these points on it using the letters K to Q:

K 0.001,   L 0.007,   M 0.011,   N 0.014,   O 0.019,   P 0.020,   Q 0.028

12 Write as decimals:

(a) $\frac{143}{1000}$ (b) $\frac{784}{1000}$ (c) $\frac{961}{1000}$ (d) $\frac{76}{1000}$ (e) $4\frac{31}{1000}$ (f) $1\frac{89}{1000}$ (g) $2\frac{24}{1000}$
(h) $\frac{169}{500}$ (i) $\frac{307}{500}$ (j) $\frac{113}{250}$ (k) $\frac{234}{250}$ (l) $\frac{86}{125}$ (m) $\frac{14}{125}$ (n) $\frac{171}{200}$

13 Write as fractions or mixed numbers in their lowest terms:

(a) 0.243   (b) 0.105   (c) 0.078   (d) 0.004   (e) 1.346   (f) 4.815   (g) 2.906
(h) 8.002   (i) 7.108   (j) 1.066   (k) 3.194   (l) 2.555   (m) 9.204   (n) 7.004

14 Write in order of size, the largest first:

(a) 0.8, 0.098, 0.191   (b) 1.003, 0.999, 1   (c) 4.02, 3.957, 4.1
(d) $\frac{3}{5}$, 0.7, $\frac{615}{1000}$ (e) $\frac{81}{100}$, 0.9, $\frac{101}{125}$ (f) $\frac{7}{10}$, $\frac{19}{25}$, $\frac{3}{4}$

15 Who did best in their mathematics test?
Express the marks as decimals and then place them in ascending order, that is, starting with the smallest:

Ann scored 21 marks out of a possible 25.
Brian scored 98 marks out of a possible 125.
Carol scored 38 marks out of a possible 50.

DECIMAL ADDITION

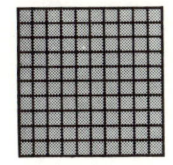

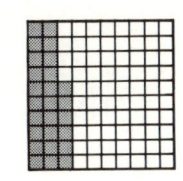

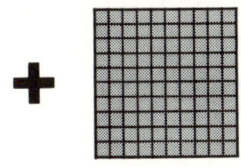

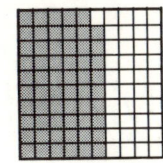

1.26 + 1.59

$$\begin{array}{r} \text{Units} \quad \tfrac{1}{10} \ \tfrac{1}{100} \\ 1 \ . \ 2 \ \ 6 \\ + \ 1 \ . \ 5 \ \ 9 \\ \hline 2 \ . \ 8 \ \ 5 \end{array}$$

$\frac{6}{100} + \frac{9}{100} = \frac{15}{100} = \frac{1}{10} + \frac{5}{100}$

$\frac{2}{10} + \frac{5}{10} = \frac{7}{10}$. Add $\frac{1}{10}$.

1 (a) 4.2 + 1.7   (b) 3.0 + 4.1   (c) 2.4 + 1.5   (d) 0.3 + 5.6   (e) 8.9 + 1.0   (f) 3.1 + 3.8

(g) 3.4 + 0.7   (h) 5.5 + 2.6   (i) 0.9 + 3.2   (j) 2.8 + 1.8   (k) 4.7 + 5.3   (l) 5.4 + 2.9

2 (a) 2.61 + 1.06   (b) 4.21 + 0.64   (c) 2.87 + 4.17   (d) 5.46 + 2.75   (e) 6.67 + 3.88

(f) 1.683 + 4.924   (g) 4.817 + 2.095   (h) 7.088 + 0.961   (i) 6.143 + 2.987   (j) 5.469 + 1.975

3 (a) 16.492 + 8.376   (b) 11.498 + 4.78   (c) 3.91 + 18.677
 (d) 10.9 + 15.835   (e) 14.87 + 3.096   (f) 27.7 + 29.86

4 (a) 13.816 + 26.914 + 14.692   (b) 31.416 + 18.924 + 7.368   (c) 4.096 + 11.397 + 4.86   (d) 19.4 + 26.81 + 9.776   (e) 4.813 + 18.62 + 74.9

(f) 1.045 + 17.69 + 83.96   (g) 47.301 + 8.677 + 54.78   (h) 6.55 + 53.67 + 7.5   (i) 40.2 + 2.79 + 74.82   (j) 1.67 + 93.8 + 6.541

5 **(a)** 364.79 + 9.682 + 15.65   **(b)** 147.08 + 12.746 + 36.6
   (c) 60.32 + 196.86 + 5.3   **(d)** 74 + 48.36 + 21.987

6 **(a)** 4.387 plus 695.46 plus 18.965
   (b) Add 16.773, 201.88 and 5.6.

DECIMAL SUBTRACTION

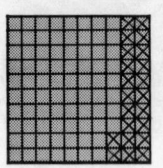

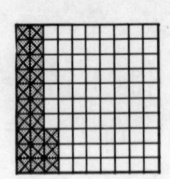

$$\begin{array}{r} 1.23 \\ -0.45 \\ \hline 0.78 \end{array}$$

You can subtract in the same way as for whole numbers, but remember to place the decimal point correctly.

1 **(a)** 9.7 − 1.2   **(b)** 8.8 − 3.6   **(c)** 6.7 − 1.7   **(d)** 4.9 − 2.8   **(e)** 0.6 − 0.4   **(f)** 3.2 − 1.2

 (g) 2.1 − 0.6   **(h)** 4.5 − 2.8   **(i)** 6.2 − 3.7   **(j)** 1.0 − 0.1   **(k)** 8.3 − 2.9   **(l)** 5.4 − 3.6

2 **(a)** 9.36 − 1.14   **(b)** 8.69 − 4.37   **(c)** 5.27 − 0.11   **(d)** 9.04 − 6.21   **(e)** 8.16 − 7.09   **(f)** 6.33 − 2.08

 (g) 10.43 − 7.87   **(h)** 18.62 − 9.73   **(i)** 20.25 − 15.66   **(j)** 32.57 − 14.98   **(k)** 41.30 − 27.42   **(l)** 56.77 − 48.98

3 (a) 4.297   (b) 8.364   (c) 3.026   (d) 7.134   (e) 8.264   (f) 5.209
      −1.215   −6.013   −1.205   −4.084   −4.174   −2.018

   (g) 7.013   (h) 9.726   (i) 2.183   (j) 5.246   (k) 3.861   (l) 6.224
      −3.247   −8.938   −0.495   −3.778   −1.993   −4.657

4 (a) 5.108 − 4.452   (b) 7.962 − 3.578   (c) 6.004 − 3.971   (d) 4.206 − 0.315
   (e) 7.6 − 2.94   (f) 4 − 3.87   (g) 6.24 − 3.877   (h) 4.01 − 2.665
   (i) 10 − 7.615   (j) 3.14 − 1.798   (k) 5.2 − 0.99   (l) 7.02 − 1.386

5 (a) Take 2.78 from 13.   (b) Take 1.24 from 20.1.
   (c) Subtract 1.366 from 10.   (d) Subtract 14.8 from 15.001.
   (e) From 32.3 take 19.887.   (f) From 84.6 take 29.804.

6 Find the difference between:

   (a) 34.1 and 51.36   (b) 79.2 and 43.78   (c) 140 and 11.982
   (d) 61.4 and 17.771   (e) 80.5 and 96.024   (f) 7 and 0.008
   (g) $\frac{4}{5}$ and 1.023   (h) $\frac{11}{25}$ and 0.6031   (i) 2.834 and $2\frac{43}{50}$

DECIMAL ADDITION AND SUBTRACTION

1 (a) 14.69 − 3.87 − 2.41   (b) 59.81 − 17.62 − 18.51   (c) 46.79 − 20.83 − 7.95
   (d) 78.62 + 4.91 − 8.74   (e) 61.39 + 19.07 − 11.83   (f) 27.92 + 83.65 − 29.14
   (g) 90.43 − 16.25 + 18.45   (h) 73.46 − 63.74 + 51.47   (i) 89.63 − 76.82 + 90.02

2 (a) 132.7 − 81.42 + 17.961   (b) 48.719 − 13.9 − 6.34   (c) 102 + 9.665 − 4.76
   (d) 4.816 + 18.92 + 117.4   (e) 34.64 − 16.505 + 7.71   (f) 31 − 1.867 − 7.29

3 Find the perimeter of (a) a square with sides 16.807 metres,   (b) a rectangle with sides 7.92 metres and 14.618 metres.

4 The area of the floor of a room is 21.804 square metres. A carpet with area of 17.91 square metres is placed in the room.
   What area of the floor is not covered by carpet?

5 The volume of a cupboard is 2.037 cubic metres. Books with a total volume of 1.89 cubic metres are stored in the cupboard.
   What volume is not occupied?

6 A road 18.69 kilometres long is extended by 4.985 kilometres.
   What is the total length of the extended road?

7 A car is travelling at 96.34 kilometres per hour.
How much faster can it go if the speed limit is 100 kilometres per hour?

8 A man has £1804. He spends £926.84 on a garage and £68.96 on repairs to his car.

  (a) How much money does he spend?   **(b)** How much remains?

9 A boat sets out on a journey of 500 kilometres. It sails 143.27 kilometres on the first day and 167.9 kilometres on the second day.

  (a) How far has it sailed?   **(b)** How far has it still to travel?

10 A tank is full and holds 121.3 litres of water. 83.6 litres are used and then a further 6.77 litres.

  (a) How much water was used?   **(b)** How much water remained in the tank?

CROSS-NUMBER PUZZLES

Make two copies of the puzzle on squared paper. Solve all the Across clues, then any Down clues needed to complete the puzzles. Solve the rest of the Down clues to check your work.

1 Across
1 $9.24 - 5.54$
3 $12.01 - 2.56$
5 $5.2 - 2.057$
6 $4.581 + 1.819$
7 $47.39 + 14.61$
9 $12.491 - 2.921$
12 $2.694 + 2.906$
14 $18.674 + 2.626$
15 $201.093 - 50.793$

Down
1 $25.84 + 12.78$
2 $10.1 - 2.751$
3 $286.913 + 79.89 + 574.697$
4 $10 - 5.64$
8 $56.1 - 35.76$
10 $3.28 + 1.97 + 1.85$
11 $8.73 - 6.89 + 2.66$
12 $84.92 + 11.79 - 45.71$
13 $160.8 - 7.83 - 92.47$
14 $17.65 + 19.8 - 14.45$

2 Across
1 $8.49 - 6.59$
3 $1.9 + 1.97$
5 $7.71 - 5.748$
6 $14.372 - 13.972$
7 $14.31 + 28.49 - 7.8$
9 $10 - 4.613 + 0.393$
12 $4.8 + 11.74 - 6.84$
14 $91.031 - 53.74 + 26.309$
15 $137.92 + 68.143 + 78.037$

Down
1 $14.32 - 2.25$
2 $6.803 + 2.342$
3 $196.74 + 289.4 - 136.44$
4 $16 - 7.77$
8 $13.125 + 23.8 + 13.765$
10 $31.2 - 14.913 - 7.987$
11 $0.314 + 0.99 - 0.504$
12 $70.898 + 21.102$
13 $100 - 46.748 + 20.748$
14 $31.662 - 18.7 + 48.038$

MAGIC SQUARES WITH DECIMALS

1 Which of these are magic squares? The totals for the rows, columns and diagonals must all be the same.
If they are magic, state the total for each line.

(a)
0.8	0.1	0.6
0.3	0.5	0.7
0.4	0.9	0.2

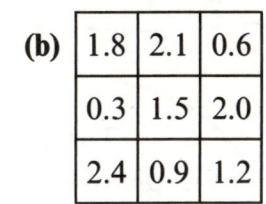

(b)
1.8	2.1	0.6
0.3	1.5	2.0
2.4	0.9	1.2

(c)
1.6	2.1	1.4
1.5	1.7	1.9
2.0	1.3	1.8

2 Find the missing numbers to complete these magic squares:

(a)
1.6		1.2
	1.0	1.4
0.8		

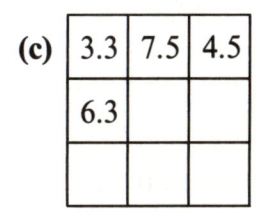

(b)
	2.1	1.1
		2.5
		1.5

(c)
3.3	7.5	4.5
6.3		

(d)
0.6		
1.6		
1.4		1.8

(e)
	2.0	
3.2	3.6	1.6

(f)
2.5	2.9	
		2.1
		1.7

3
A	B	C
D	E	F
G	H	I

Copy the figure but leave the spaces empty. Solve each of the clues and write them in the nine spaces. The result will be a magic square.
Find the magic total for the lines in (a) and (b).

(a) A 5.1 − 2.9   B 1.34 + 3.36   C 7 − 5.8   D 0.293 + 1.407   E 9.15 − 6.45
F 0.9 + 1.4 + 1.4   G 6.01 − 1.81   H 6.13 − 5.43   I 0.984 + 2.216

(b) A 1.0 − 0.44   B 2.34 − 2.27   C 0.138 + 0.282   D 2.08 − 1.87   E 5.9 − 5.55
F 0.2 + 0.65 − 0.36   G 1 − 0.92 + 0.2   H 1.1 − 0.12 − 0.35
I 0.564 + 0.008 − 0.432

DECIMAL MULTIPLICATION

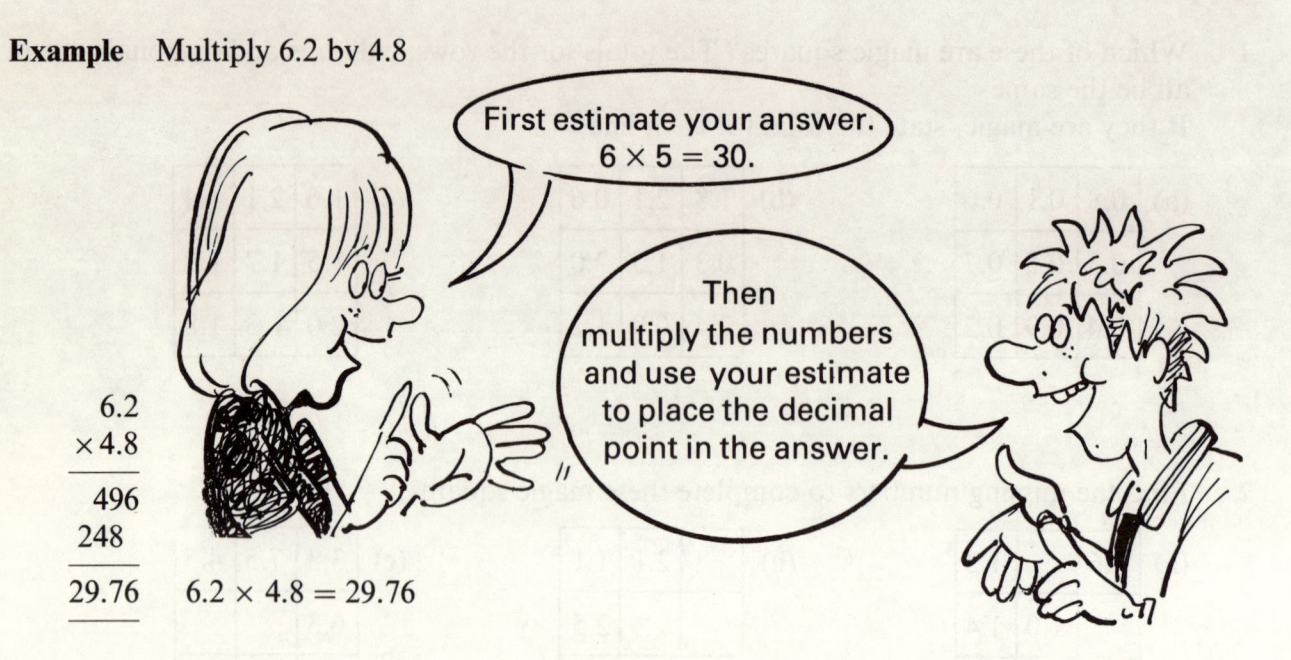

Example Multiply 6.2 by 4.8

First estimate your answer. $6 \times 5 = 30$.

Then multiply the numbers and use your estimate to place the decimal point in the answer.

$$\begin{array}{r} 6.2 \\ \times 4.8 \\ \hline 496 \\ 248 \\ \hline 29.76 \end{array}$$

$6.2 \times 4.8 = 29.76$

1. First work out the estimate given in brackets. Then do the multiplication.

   (a) 12.7×9 (13×9) (b) 26.2×19 (26×20) (c) 48.3×51 (48×50)
   (d) 31.39×61 (32×60) (e) 89×17.46 (90×17) (f) 77×47.95 (80×48)
   (g) 15.57×49.2 (16×50) (h) 62.8×20.21 (63×20) (i) 86.75×6.93 (87×7)

2. Make your own estimate then do the multiplication:

   (a) 14.65×19.3 (b) 18.4×76.92 (c) 41.7×28.32 (d) 30.94×11.5
   (e) 86.14×31.07 (f) 29.38×15.92 (g) 8.97×55.64 (h) 38.29×60.07
   (i) 5.372×1.4 (j) 3.8×1.637 (k) 29.6×7.753 (l) 18.615×14.8

3. Calculate the area of rectangles with sides of these lengths:

   (a) 3.8 cm, 9.4 cm (b) 28 cm, 17.6 cm (c) 8.7 cm, 1.46 cm
   (d) 29.1 cm, 5.83 cm (e) 17.28 m, 15.1 m (f) 70.9 m, 8.65 m
   (g) 31.7 m, 40.92 m (h) 76.06 m, 63.82 m

4. The cost of fencing is £3.84 per metre. What is the cost of fencing:

   (a) 12 m (b) 26 m (c) 32.5 m (d) 76.5 m?

5. Some wood weighs 0.97 grams per cubic centimetre (cm^3). What is the weight of

   (a) 15 cm^3 (b) 38 cm^3 (c) 46.5 cm^3 (d) 81.3 cm^3?

6. The measurements of a room are: length 6.3 metres, width 4.9 metres and height 2.2 metres. Calculate:

   (a) the area of the floor (b) the total area of the four walls.

DECIMAL DIVISION

To divide by 10 move all the digits one place to the right.
To divide by 100 move them two places to the right.
To divide by 1000 move them three places to the right.

Example

$218.6 \div 10 = 21.86$
$218.6 \div 100 = 2.186$
$218.6 \div 1000 = 0.2186$

1 Divide the following numbers by: (i) 10 (ii) 100 and (iii) 1000.

(a) 512 (b) 743 (c) 980 (d) 665 (e) 1832 (f) 2096 (g) 5120 (h) 7336
(i) 244.1 (j) 603.7 (k) 812.5 (l) 149.6 (m) 1218.7 (n) 6603.2

2 To divide by 20 divide by 2 and by 10. Similarly for 30, 40, 50, 60, 70, 80, 90.

(a) $816 \div 20$ (b) $495 \div 50$ (c) $833 \div 70$ (d) $918 \div 90$ (e) $618 \div 30$
(f) $272 \div 40$ (g) $63.6 \div 60$ (h) $70.4 \div 80$ (i) $38.4 \div 40$ (j) $13.8 \div 20$

3 Add a zero and these will divide exactly. Do *not* give a remainder.

(a) $1.7 \div 2$ (b) $5.8 \div 4$ (c) $13.7 \div 5$ (d) $23.6 \div 8$ (e) $41.7 \div 6$ (f) $28.5 \div 6$
(g) $66.8 \div 8$ (h) $91.5 \div 2$ (i) $70.2 \div 5$ (j) $53.4 \div 4$

Example

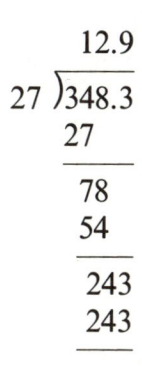

```
         12.9
    27 )348.3
         27
         ──
         78
         54
         ──
         243
         243
```

You can check your answer by multiplying 12.9 by 27.

4 (a) $422.8 \div 14$ (b) $917.4 \div 22$ (c) $747.0 \div 45$ (d) $825.6 \div 64$ (e) $1508.8 \div 82$
(f) $1242.6 \div 57$ (g) $1396.5 \div 19$ (h) $2112.8 \div 38$

5 A girl runs 174.2 metres in 26 seconds. What is her speed in metres per second?

6 The area of a rectangle is 513.8 square metres. Find the length of the rectangle if its width is 14 metres.

7 A shop orders 2851.8 kg of potatoes. The supplier delivers 49 sacks of potatoes. All the sacks weigh the same. What is the weight of each sack?

Examples

$\dfrac{51.66}{2.1}$ Make the denominator a whole number by multiplying numerator and denominator by 10. $\dfrac{51.66 \times 10}{2.1 \times 10} = \dfrac{516.6}{21} = 24.6$

To divide by 6.78 you would multiply numerator and denominator by 100 instead of 10.

$\dfrac{11.72}{7} = 1.6742857\ldots$ You can add zeros on the right but the answer never stops, or terminates.

The answer is 1.67 correct to 2 decimal places or 1.7 correct to 1 decimal place. If the answer was 2.835 then 2.83 and 2.84 would both be strictly correct. We will always use the larger number in such cases.

8 (a) $\dfrac{67.62}{4.9}$ (b) $\dfrac{201.28}{6.8}$ (c) $\dfrac{226.24}{3.2}$ (d) $\dfrac{433.92}{9.6}$ (e) $\dfrac{147.56}{1.7}$
(f) $\dfrac{96.844}{1.24}$ (g) $\dfrac{163.349}{3.79}$ (h) $\dfrac{62.304}{0.66}$ (i) $\dfrac{170.366}{2.83}$ (j) $\dfrac{773.824}{9.04}$

9 Give your answer correct to two places of decimals.

(a) $\dfrac{9.7}{3}$ (b) $\dfrac{18.3}{7}$ (c) $\dfrac{10.5}{9}$ (d) $\dfrac{31.3}{4}$ (e) $\dfrac{76.1}{8}$ (f) $\dfrac{90.7}{6}$
(g) $24.8 \div 7$ (h) $81.1 \div 9$ (i) $62.7 \div 6$ (j) $40.0 \div 3$ (k) $61.7 \div 4$
(l) $33.79 \div 8$ (m) $56.24 \div 7$ (n) $90.04 \div 5$ (o) $20.69 \div 6$ (p) $49.87 \div 9$
(q) $18.94 \div 14$ (r) $62.27 \div 24$ (s) $83.179 \div 48$ (t) $62.446 \div 56$

10 A rectangular field has an area of 9876.4 square metres. The length of one side is 72.6 metres. Find the length of the other side correct to the nearest metre.

11 A man leaves £21 867.45 to be shared equally by 16 relatives. How much will each receive? Give your answer to the nearest penny.

12 A journey of 6387.5 kilometres is broken up into 18 equal sections. What is the length of each section correct to the nearest kilometre?

13 A garage sells 1896.3 litres of petrol in 14 days. What is the average amount sold each day, correct to the nearest litre?

14 A batsman scores 48, 56, 12, 8, 109, 27 and 32 runs in six innings. What is his average score correct to one place of decimals?

CROSS-NUMBER PUZZLE

Solve the Across clues, then any Down clues needed to complete the puzzle. Solve the rest of the Down clues to check your work.

Across

1. 14.8 × 12.3
5. 380.25 ÷ 22.5
8. 338.92 ÷ 45.8
9. 28.75 × 8
10. 751.68 ÷ 9
12. 187.105 ÷ 23
14. 40 × 17.465
15. 26.3 × 1.6
16. 49 × 124.01
18. 31.02 ÷ 0.66
20. 0.5135 × 40
22. 163.2 ÷ 96
24. 7.5 × 42.4
25. 1500 × 0.13
27. 0.6 × 955
29. 14 × 0.565
30. 54.45 ÷ 0.25
32. 910.8 ÷ 7.2
33. 24.55 × 0.6
34. 7336 ÷ 91.7
35. 550 ÷ 0.88
36. 303.59 ÷ 70

Down

1. 86.3 × 20.7
2. 131.723 ÷ 15.7
3. 238.656 ÷ 9.6
4. 0.387 × 0.69
5. 2.8 × 4.73
6. 421.33 ÷ 0.7
7. 258.822 ÷ 27
9. 28.458 × 10
11. 39.156 ÷ 7.8
13. 2382 ÷ 79.4
17. 60.043 ÷ 9.7
19. 2.89 × 2.6
21. 86.3 × 8.1
23. 86.4 × 9
25. 10.098 ÷ 6
26. 381.1 ÷ 0.74
28. 120 × 0.031
29. 0.48 × 150
30. 140 × 1.5
31. 20 × 41.75
32. 0.004 × 350

DECIMAL WORDS

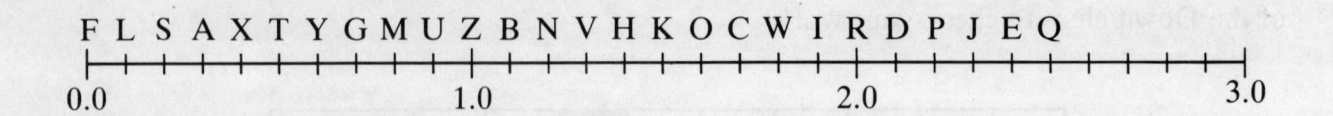

```
F L S   A X T Y G M U Z   B N V H K O C W I   R D P J E Q
├─┼─┼─┼─┼─┼─┼─┼─┼─┼─┼─┼─┼─┼─┼─┼─┼─┼─┼─┼─┼─┼─┼─┼─┼─┼─┼─┼─┤
0.0               1.0               2.0               3.0
```

Solve each problem and write down the corresponding letters. The clue will give you a check so that you can correct any errors.

1 *A unit for measuring length*
  (a) $\frac{1}{2}$ of 3.0   (b) $5.0 - 3.1$ (c) $\frac{1}{10}$ (d) 4×0.4 (e) $\frac{4}{5}$ (f) $\frac{1}{3}$ of 7.2   (g) $\frac{1}{4} + \frac{1}{4}$
  (h) $4.6 + 3.9 - 6.5$ (i) 0.8×3

2 *All four sides are equal*
  (a) 0.5×4 (b) $2.8 \div 2$ (c) 0.4×4 (d) $3.2 - 2.4$ (e) $11 \div 10$
  (f) $0.2 + 0.1 + 0.6$ (g) $\frac{1}{5}$

3 *A prime number*
  (a) $1 - 0.8$ (b) $9.6 \div 4$ (c) $1\frac{3}{10}$ (d) 4×0.6 (e) $1\frac{1}{5}$ (f) $\frac{1}{2}$ (g) $0.9 + 1.5$
  (h) 0.8×3 (i) $6 \div 5$

4 *The number in the top of a fraction*
  (a) 0.6×2 (b) $4 - 3.1$ (c) $\frac{2}{5} \times 2$ (d) $240 \div 100$ (e) $5.4 - 3.4$ (f) $2.4 \div 8$
  (g) $2 \times \frac{1}{4}$ (h) $0.7 + 0.9$ (i) $0.6 \div 0.3$

5 *A quarter of a complete turn*
  (a) $1 \div \frac{1}{2}$ (b) $\frac{1}{2}$ of 3.8   (c) $4.2 - 3.5$ (d) 2×0.7 (e) $\frac{1}{3} + \frac{1}{6}$ (f) $\frac{12}{40}$
  (g) $2 - \frac{4}{5}$ (h) $\frac{3}{5} + \frac{1}{10}$ (i) $10 \times \frac{1}{100}$ (j) $1\frac{1}{2} + 1\frac{3}{10}$

6 *A useful aid when doing arithmetic*
  (a) $\frac{17}{10}$ (b) $1\frac{1}{5} - \frac{9}{10}$ (c) $\frac{2}{20}$ (d) $13.6 \div 8$ (e) 0.3×3 (f) $\frac{1}{5} - \frac{1}{10}$
  (g) $\frac{3 \times 2}{20}$ (h) $\frac{11}{22}$ (i) $4 \times \frac{2}{5}$ (j) $1\frac{3}{5} + \frac{4}{10}$

7 *The distance round a shape*
  (a) $\frac{2 \times 11}{10}$ (b) $\frac{12}{5}$ (c) Twenty tenths   (d) $\frac{1}{3}$ of 5.7   (e) $8 \div 10$ (f) $6.3 - 3.9$
  (g) $\frac{2}{3} - \frac{1}{6}$ (h) $1.86 + 0.54$ (i) $\frac{3}{5} + 1\frac{7}{10} - \frac{3}{10}$

DECIMAL DIAGRAMS

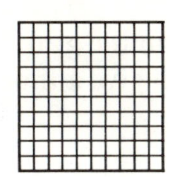

This square represents 1

1   Find a month by writing down the letters above these numbers:

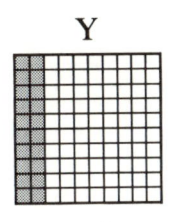

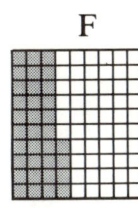

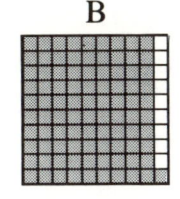

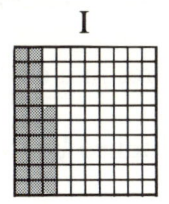

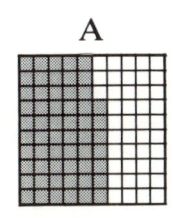

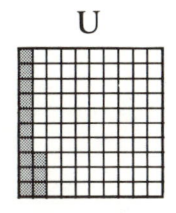

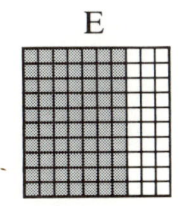

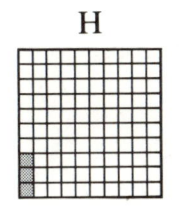

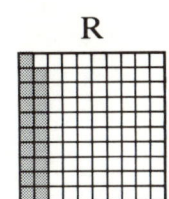

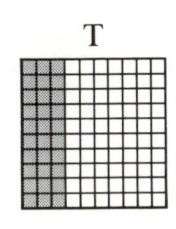

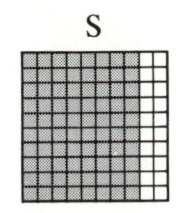

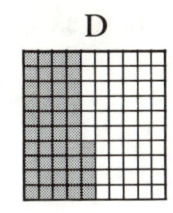

0.34,   0.7,   0.91,   0.19,   0.13,   0.57,   0.19,   0.2

Y   F   B   I

A   U   E   H

R   T   S   D

2   What days of the week do these numbers represent?

(a) 2×0.17, $0.38 \div 2$, $1 - 0.74$, $0.29 + 0.15$, $2 - 1.43$, $1 \div 5$

(b) $\frac{300}{1000}$, $\frac{30}{1000}$, $\frac{1}{4}$ of 0.52, $38 \div 200$, $0.39 + 0.41$, $0.9 - 0.46$, 0.19×3, $\frac{1}{5}$

3   Read this message:

4×0.2, $0.51 - 0.48$, $\frac{2.8}{4} / \frac{13}{50}$, $4 \div 5 / 0.3 \times 1.9 / 0.7 \times 1.3$, $\frac{7}{10}$, $1.2 - 0.63$, $\frac{0.013}{0.1}$, 0.6×0.5, $\frac{7}{35}$.

4   Calculate:

(a) $B + F$ (b) $Y + F + D$ (c) $T - H$ (d) $D - Y$ (e) $A + E - U$

(f) $2 \times R$ (g) $3 \times D$ (h) $A \div 3$ (i) $T \div 5$ (j) $F \div 17$ (k) $\frac{F + T}{8}$

(l) $\frac{Y \times D}{11}$ (m) $T + R + U + E$ (n) $Y + E - S$

PUZZLE PRACTICE

Copy the grid below. Find the answers in words and write them in the grid. Provided you do not make any mistakes the column marked with an arrow will give a time.

1. $\frac{7}{8} = \frac{42}{?}$

2. The number of pints in a gallon.

3. They divide by 2 without a remainder.

4. The number of millimetres in a centimetre.

5. What must 0.03 be multiplied by to make 0.9?

6. 2 divided by 0.02.

7. The distance round a shape.

8. 0.15 × 80.

9. Has only two factors.

10. The way the Romans write five.

11. Lucky number.

12. 61.2 divided by 3.6.

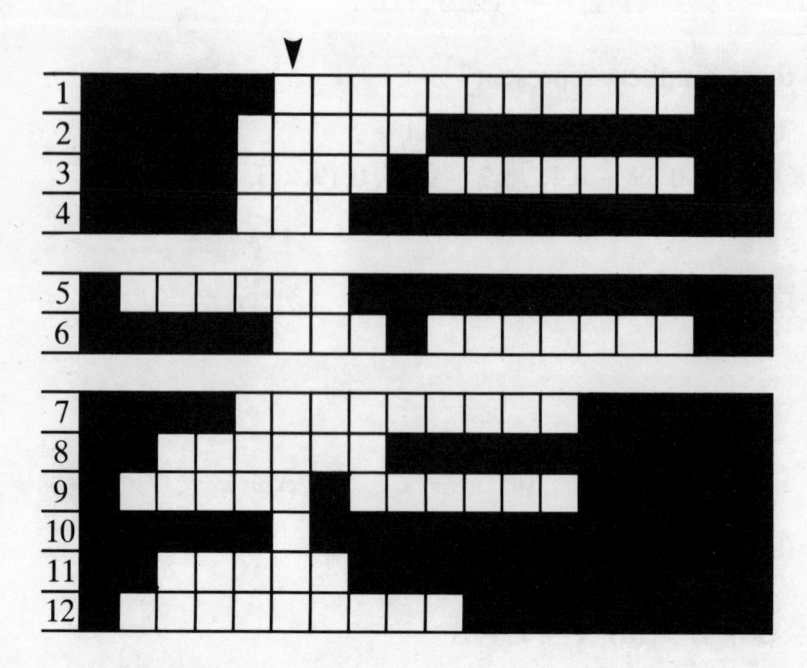

PREPARING FOR GRAPHS

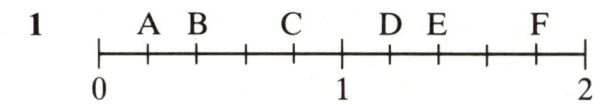

1

```
    A B    C    D E    F
|---|-|-|-|-|-|-|-|-|-|
0         1         2
```

Five sections equal 1 so each section is $\frac{1}{5}$ or 0.2. A is 0.2. Write as a decimal the value at B, C, D, E and F.

2

```
    A       B        C D       E
|---|-|-|-|-|-|-|-|-|-|
4.0       5.0       6.0
```

(a) What is the value of each section: (i) as a fraction (ii) as a decimal?
(b) Write down the values at A, B, C, D and E as decimals.

3

```
   A     B     C     D E     F        G
|--|--|--|--|--|--|--|--|
2.0 3.0 4.0 5.0 6.0 7.0 8.0 9.0 10.0
```

(a) What are the values at A, B, C, D, E, F and G?
(b) Draw the number line above. Mark these points on it:
   H 2.2,   I 3.8,   J 4.6,   K 5.0,   L 6.4,   M 6.6
(c) 6.5 is half way between 6.4 and 6.6. Mark it as N on your number line.
(d) Mark these points on your line:
   O 2.3,   P 3.7,   Q 5.9,   R 8.1

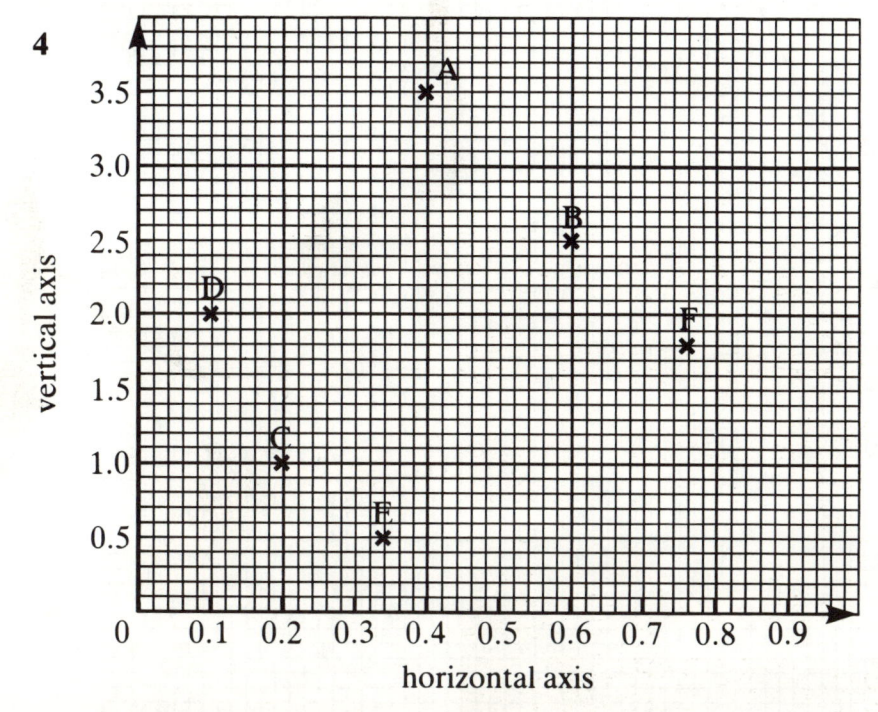

4

A is the point 0.4, 3.5. Note that the horizontal distance is given first.

(a) The sides of the very small squares are 2 millimetres (2 mm).
   (i) What does 2 mm represent on the horizontal axis?
   (ii) What does 2 mm represent on the vertical axis?

(b) What are the values, or *coordinates*, at B, C, D, E, F?
(c) Copy the graph on to graph paper. Mark these points on it:
   G 0.6, 1.5,   H 0.4, 3.6,   I 0.9, 0,   J 0, 3.5,   K 0.18, 3.2,   L 0.84, 2.7

77

A DECIMAL/FRACTION GRAPH

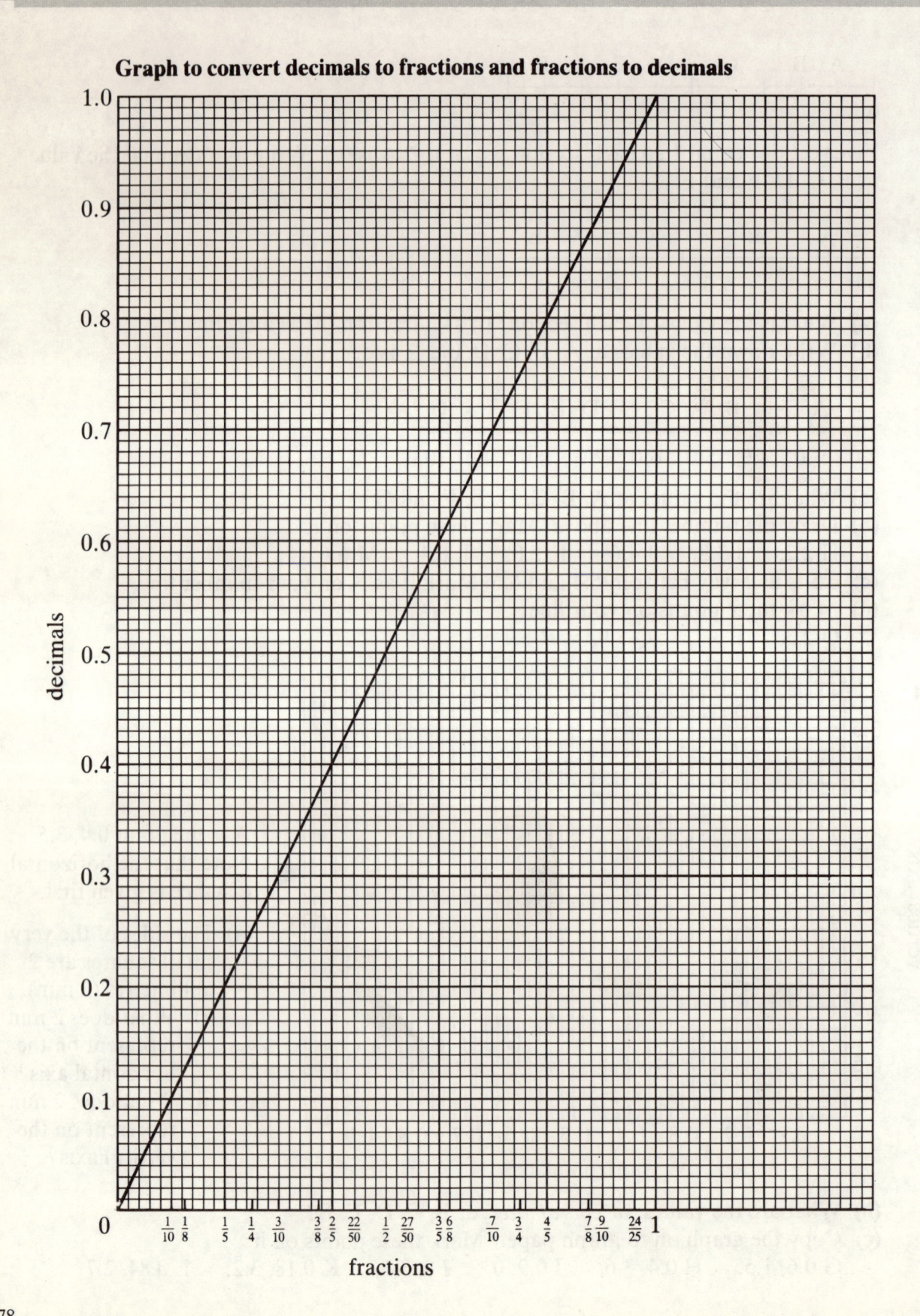

Graph to convert decimals to fractions and fractions to decimals

Graphs are a quick method of obtaining answers but they are not very accurate.

The larger the scale of a graph the more accurate it will be.

Each small square has sides 2 millimetres (2 mm).
The vertical scale for decimals is 2 mm to 0.1.
The horizontal scale for fractions is 2 mm to $\frac{1}{50}$.

1 Read from your graph the decimal value of these fractions:

(a) $\frac{1}{4}$ (b) $\frac{3}{4}$ (c) $\frac{3}{5}$ (d) $\frac{9}{10}$ (e) $\frac{1}{8}$ (f) $\frac{3}{8}$ (g) $\frac{5}{8}$ (h) $\frac{7}{8}$ (i) $\frac{24}{25}$

Check your answer by calculation.

2 Read from your graph the fractions that are equal to these decimals:

(a) 0.5   (b) 0.2   (c) 0.4   (d) 0.8   (e) 0.7   (f) 0.54   (g) 0.44.

Check your answer by calculation.

3 You need a piece of graph paper the same as the one on the facing page. Mark 0 and 1 on it, 10 centimetres apart, and join the points by a straight line.

|⌊⌊⌊⌊|⌊⌊⌊⌊|⌊⌊⌊⌊|⌊⌊⌊⌊|⌊⌊⌊⌊|⌊⌊⌊⌊|⌊⌊⌊⌊|⌊⌊⌊⌊|⌊⌊⌊⌊|⌊⌊⌊⌊|
0   1

There are 50 small sections, each 2 mm, to represent 1.

(a) $\frac{1}{6}$ is represented by $\frac{50}{6}$ or $8\frac{1}{3}$ sections. Mark this as A on your line.
(b) $\frac{2}{6} = \frac{1}{3}$. $\frac{1}{3}$ of 50 = $16\frac{2}{3}$. Mark this as B on your line.
(c) $\frac{3}{6} = \frac{1}{2}$. $\frac{1}{2}$ of 50 = 25. Mark this as C on your line.
(d) What will represent $\frac{4}{6}$ or $\frac{2}{3}$? Mark this as D.
(e) What will represent $\frac{5}{6}$? Mark this as E.

4 (a) Use the graph and find the point on the fraction axis that corresponds to $\frac{1}{6}$. Hence find the decimal equivalent to $\frac{1}{6}$ from your graph.
By calculation $\frac{1}{6} = 0.167$ correct to three places of decimals. Find the difference between this value and that from the graph.
(b) Use the method in 4(a) to find $\frac{1}{3}$ as a decimal from the graph. Calculate its value correct to three places of decimals. Find the difference between the value from the graph and the calculated value.
(c) Repeat the calculation above for $\frac{5}{6}$.

5 Draw another line 10 cm long as in question 3.
Calculate the position of these points and mark them on the line:

A $\frac{5}{9}$ B $\frac{2}{9}$ C $\frac{1}{12}$ D $\frac{7}{12}$ E $\frac{9}{20}$ F $\frac{19}{20}$ G $\frac{13}{25}$ H $\frac{21}{25}$

79

BAR GRAPHS

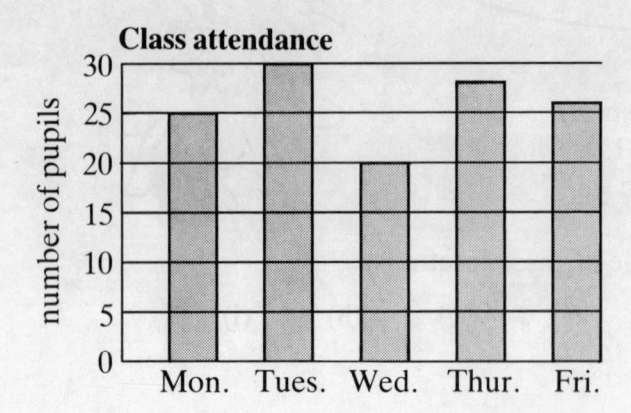

Class attendance

This bar graph shows the number of pupils attending school.

1 (a) All the pupils were present on Tuesday. How many pupils are there in the class?
   (b) How many more attended on Thursday than on Wednesday?
   (c) What was the total number of attendances for the week?
   (d) How many absences were there for the whole week?

2 The table below shows the attendances for another class.

Mon.	Tues.	Wed.	Thur.	Fri.
28	32	26	30	29

Use the same scale as the graph at the top of the page and draw a bar graph to represent the attendances.
Answer the questions (a), (b), (c) and (d) as in 1.

3 Each | represents a pet owned by a pupil in a class. 5 is shown by ||||

Copy and complete the tally chart:

Rabbits	|||	3
Budgerigars	|||| ||||	
Horses			
Dogs	|||| |||| ||	
Cats	|||| |||	

Draw a bar graph to show the number of pets of each kind.

(a) Which is the most popular pet?
(b) What is the total number of pets owned by the class?
(c) Find the difference between the number of the most popular and the least popular of the pets listed.

4 Construct a tally chart for pets owned by your class.
Answer the same questions as set in 3.

PIE CHARTS

This pie chart shows how the Jones family spend their income.
They have £240 a week.

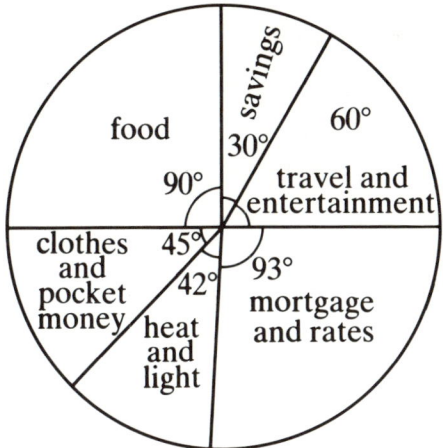

1 What fraction of the £240 is spent on food?

2 How much is spent on food?

3 Copy and complete this table:

	Angle	Fraction	Amount
(a) Food	90°		
(b) Savings	30°		
(c) Entertainment	60°		
(d) Mortgage and rates	93°		
(e) Heat and light	42°		
(f) Clothes and pocket money	45°		

4 The table shows a shop's takings for a week.

Mon.	Tues.	Wed.	Thur.	Fri.	Sat.
£124	£98	£160	£52	£154	£132

(a) What is the total taken in the week?
(b) Why do you think it was highest on Wednesday?
(c) Why do you think it was lowest on Thursday?
(d) If the takings are represented on a pie chart what will 1° represent?
(e) Find the number of degrees that each day's takings will represent on a pie chart. Draw the pie chart.

5 Calculate what 1° represents, then draw a pie chart to show the following information:

Table showing the number of cars made in a factory during one week

Mon.	Tues.	Wed.	Thur.	Fri.	Sat.
72	69	74	57	56	32

81

A FLOW CHART

357 753 is called a front–back number because the last three digits are formed by reversing the order of the first three.

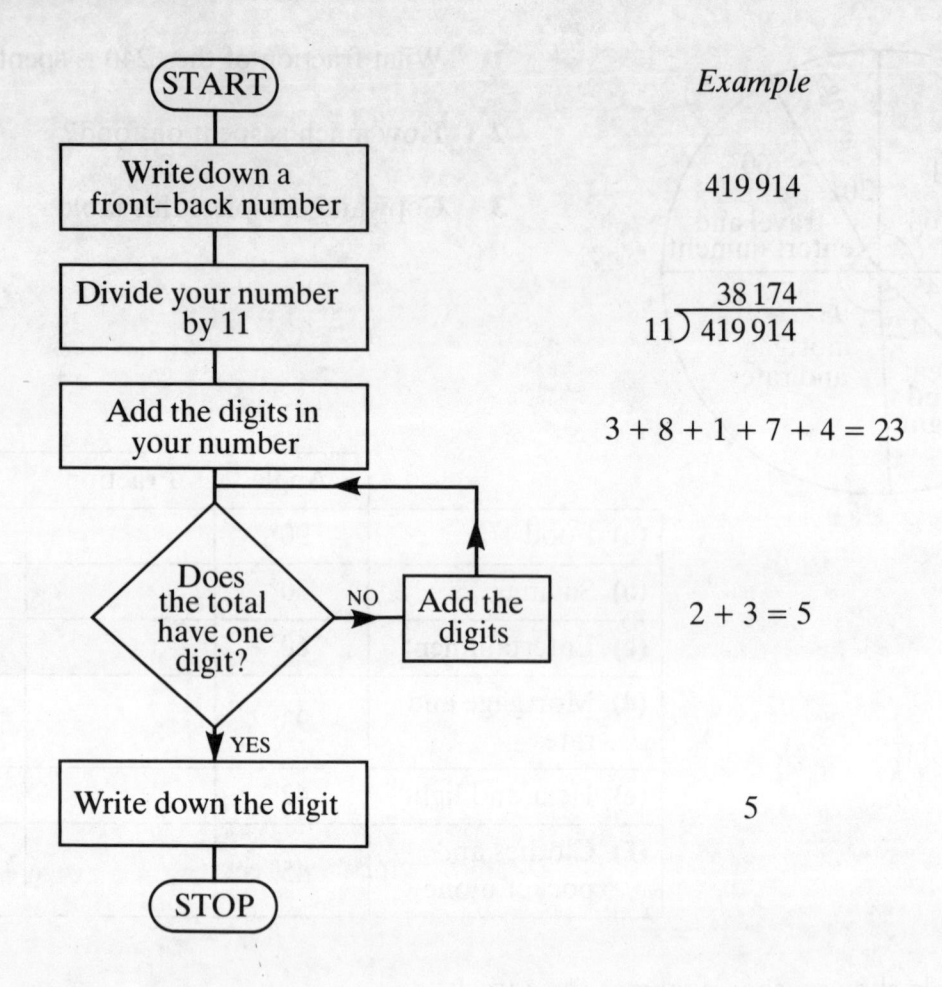

```
START
  ↓
Write down a
front-back number         Example

  ↓                       419 914
Divide your number
by 11                           38 174
                         11) 419 914
  ↓
Add the digits in
your number               3 + 8 + 1 + 7 + 4 = 23
  ↓
Does the total   NO   Add the
have one digit?  →    digits        2 + 3 = 5
  ↓ YES
Write down the digit                5
  ↓
STOP
```

1 (a) Go through the steps on the flow chart with 538 835.
   (b) Add the first three digits. 5 + 3 + 8 = 16. As the total has two digits add the digits. 1 + 6 = 7. Compare this with your answer in (a).

2 Start with 726 627. First use the flow chart as in 1(a) to obtain one digit.
   Now use the method of 1(b). Compare your answers.

3 You should have found that the answers to 1(a) and 1(b) are the same, also the answers you worked out for question 2.
   See if these front–back numbers also give you the same answers.

   (a) 409 904   (b) 168 861   (c) 923 329   (d) 127 721.

4 Try some front–back numbers of your own. The two answers should always be the same.

A NOMOGRAM

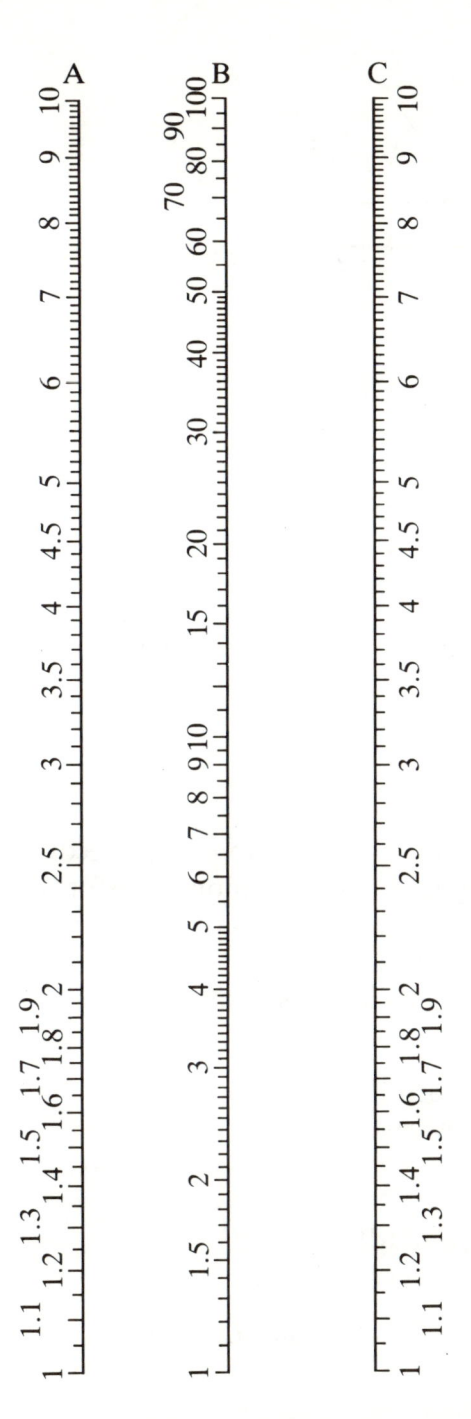

Nomograms give answers quickly and easily, but, like graphs, they only give approximate answers.

This nomogram is for multiplying and dividing.

Examples

(i) Join 6 on A to 5 on C. The product, 30, can be read on B.
(ii) Join 6.2 on A to 26 on B. The answer to 26 ÷ 6.2 is read on C. It is approximately 4.18. By division we find it is a little more than 4.19.

Estimate the answers so as to find the position of the decimal point.
Use the nomogram to find your answers.

1 (a) 3.6 × 6.7 (b) 1.4 × 5.5
    (c) 7.2 × 3.8 (d) 1.8 × 4.6
    (e) 9.3 × 7.1 (f) 5.9 × 3.6

2 (a) 20 ÷ 5.3 (b) 18 ÷ 4.8
    (c) 31 ÷ 7.6 (d) 43.2 ÷ 8.4
    (e) 27.6 ÷ 4.3 (f) 51.9 ÷ 9.7

To multiply 28 by 5.8 we can multiply 2.8 by 5.8, then multiply the answer by 10.

3 (a) 74 × 3.8 (b) 5.7 × 21
    (c) 69 × 4.9 (d) 8.3 × 87
    (e) 91 × 1.6 (f) 54 × 2.3

4 Adapt Ann's method so it can be used to do these divisions:
  (a) 205 ÷ 7.6 (b) 312 ÷ 4.9 (c) 196 ÷ 8.7 (d) 480 ÷ 5.1 (e) 743 ÷ 9.6

5 Square these numbers: (a) 2.6 (b) 4.3 (c) 7.2 (d) 1.9 (e) 9.4

6 Find the square root of: (a) 70 (b) 37 (c) 14 (d) 2.7 (e) 12

A DISTANCE TABLE

	London	Birmingham	Cardiff	Oxford	Newcastle	Manchester	Leeds	York	Edinburgh
London		174	244	91	439	293	310	312	648
Birmingham	174		162	101	321	127	216	205	474
Cardiff	244	162		168	478	273	378	365	632
Oxford	91	101	168		396	229	272	275	579
Newcastle	439	321	478	396		204	154	130	174
Manchester	293	127	273	229	204		70	103	349
Leeds	310	216	378	272	154	70		38	333
York	312	205	365	275	130	103	38		318
Edinburgh	648	474	632	579	174	349	333	318	

Brian's father Mr Nightingale is a business man who travels by car between the towns shown on the table.
The distances are all in kilometres.

1. How far is it from

   (a) Birmingham to Oxford   (b) Manchester to York   (c) Edinburgh to Leeds
   (d) Newcastle to London   (e) Cardiff to Birmingham   (f) London to Oxford?

2. Mr Nightingale lives in Leeds. He starts from his home and returns home after visiting certain towns. Find the distance for the round trip when he calls at these towns in the order shown for each pair:

   (a) Newcastle and Manchester   (b) Oxford and Cardiff   (c) York and Edinburgh
   (d) Birmingham and London   (e) Cardiff and Newcastle
   (f) Manchester and Birmingham.

3. Find the distance travelled on each trip (a), (b), (c) and (d).
   Each one starts and finishes at Leeds, calling at the towns listed.

   (a) York, Newcastle, Edinburgh   (b) Manchester, Birmingham, London
   (c) Birmingham, Oxford, Cardiff, Manchester
   (d) York, London, Oxford, Birmingham, Manchester

4. To change kilometres to miles multiply the number of kilometres by $\frac{5}{8}$.
   Change these distances to miles:

   (a) Birmingham to London   (b) Manchester to Newcastle
   (c) Edinburgh to Cardiff   (d) York to Edinburgh   (e) Oxford to Leeds
   (f) Newcastle to Birmingham

A CONVERSION GRAPH

8 kilometres are approximately equal to 5 miles.
It follows that as 1 km = $\frac{5}{8}$ miles = 0.625 miles *or* 1 mile = $1\frac{3}{5}$ km = 1.6 km.

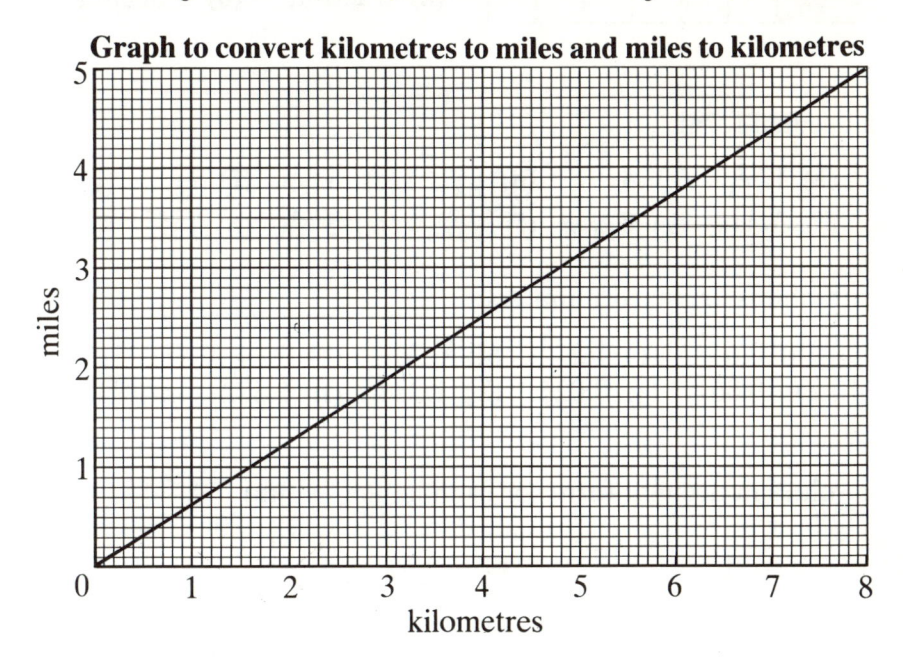

Graph to convert kilometres to miles and miles to kilometres

1 Use the graph to change these to miles. Give your answers as decimals to one place.

   (a) 3 km   (b) 7 km   (c) 5 km   (d) 6 km   (e) 4.5 km   (f) 1.5 km   (g) 1.6 km
   (h) 3.7 km   (i) 6.4 km   (j) 5.8 km   (k) 2.1 km   (l) 7.3 km

2 Check your answers to question 1 by multiplying the number of kilometres by 0.625.

3 Use the graph to change these to kilometres. Give your answers as decimals to one place.

   (a) 2 miles   (b) 4 miles   (c) 5 miles   (d) 3.5 miles   (e) 1.5 miles   (f) 4.7 miles
   (g) 1.3 miles   (h) 3.1 miles   (i) 2.9 miles   (j) 0.6 miles

4 Check your answers to question 3 by multiplying the number of miles by 1.6.

5 We can use the graph to change 36 km to miles by first converting 3.6 km and then multiplying the result by 10.
   Change to miles then check by calculation. Give your answers to the nearest mile.

   (a) 67 km   (b) 53 km   (c) 26 km   (d) 75 km   (e) 49 km

6 Modify the method of question 5 to convert miles to kilometres.
   Change these to kilometres and check by calculation. Give your answers to the nearest kilometre.

   (a) 38 miles   (b) 42 miles   (c) 16 miles   (d) 27 miles   (e) 32 miles

85

PROGRESS CHECK 3

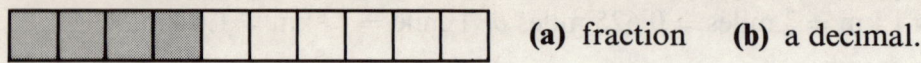

1 Give all answers in the simplest form. Write the shaded amount as a

(a) fraction   (b) a decimal.

2 Write in decimal form:

(a) $1\frac{3}{10}$ (b) $12\frac{9}{10}$ (c) $4\frac{2}{5}$ (d) $8\frac{1}{2}$ (e) $1\frac{11}{100}$ (f) $\frac{17}{20}$ (g) $2\frac{3}{25}$ (h) $4\frac{17}{50}$

(i) $\frac{219}{1000}$ (j) $3\frac{17}{1000}$ (k) $7\frac{3}{1000}$ (l) $2\frac{91}{500}$ (m) $3\frac{41}{250}$ (n) $1\frac{147}{250}$ (o) $8\frac{13}{200}$ (p) $4\frac{9}{200}$

3 Write as fractions or mixed numbers:

(a) 0.7   (b) 0.6   (c) 1.2   (d) 0.26   (e) 0.84   (f) 1.55   (g) 7.68
(h) 10.94   (i) 0.861   (j) 0.025   (k) 1.384   (l) 5.682   (m) 11.008   (n) 14.065

4 Give the values in decimal form for each letter:

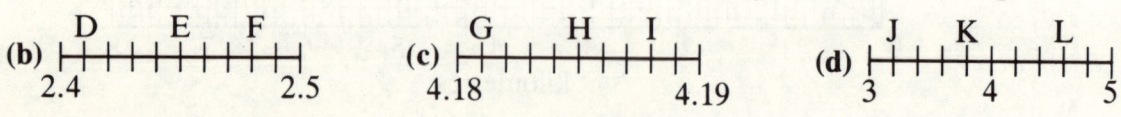

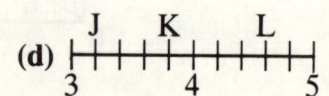

(a) A B C on number line from 0 to 1

(b) D E F on number line from 2.4 to 2.5

(c) G H I on number line from 4.18 to 4.19

(d) J K L on number line from 3 to 5

5 Write in order, the largest first: (a) 0.76, 0.699, 0.8   (b) 0.24, $\frac{1}{4}$, 0.3

6 Express these test marks as decimals. Write them in order, the largest first.
18 out of 20   22 out of 25   46 out of 50.

7 (a) 3.5 (b) 6.2 (c) 1.62 (d) 5.83 (e) 8.77
+1.4   +3.9   +3.04   +2.91   +4.65

(f) 0.482 (g) 3.665 (h) 1.026 (i) 4.839 (j) 5.473
+2.806   +9.807   8.443   6.927   11.309
                          +7.987   +0.294   +14.698

8 (a) 5.9 (b) 8.3 (c) 6.4 (d) 7.1 (e) 3.5
−1.7   −2.0   −3.4   −2.5   −0.9

(f) 4.0 (g) 8.37 (h) 6.09 (i) 7.11 (j) 9.34
−1.1   −1.04   −2.06   −3.07   −2.86

| (k) | 2.56
−0.77 | (l) | 7.00
−2.12 | (m) | 6.315
−1.204 | (n) | 11.362
− 9.417 | (o) | 14.067
− 8.319 |

9 Two pieces of wood, lengths 18.75 metres and 26.97 metres, are joined together. 1.56 m is then cut off. What length remains?

10 Two allotments with areas 486.24 square metres and 501.87 square metres are combined. 176.78 square metres are planted with cabbages and the rest with potatoes.
What area is planted with potatoes?

11 First work out the estimate given in brackets. Then do the multiplication.

  (a) 18.8 × 4.2 (19 × 4)   (b) 16.9 × 62.7 (17 × 60)   (c) 29.2 × 71.38 (30 × 71)

12 Find the cost of 29.6 metres of steel rod at £8.64 per metre. Give your answer to the nearest penny.

13 (a) 18.7 ÷ 10   (b) 193.2 ÷ 100   (c) 684.96 ÷ 1000   (d) 16.6 ÷ 20
  (e) 118.5 ÷ 50   (f) 3.7 ÷ 2   (g) 31.3 ÷ 5   (h) 19.74 ÷ 4
  (i) 344.52 ÷ 27   (j) 396.06 ÷ 42   (k) $\frac{4.8}{1.2}$ (l) $\frac{14.72}{2.3}$
  (m) $\frac{60.35}{7.1}$ (n) $\frac{95.23}{8.9}$ (o) $\frac{131.274}{3.06}$ (p) $\frac{187.92}{2.16}$

14 The area of a rectangle is 23.52 cm². Calculate its length if the width is 1.6 cm.

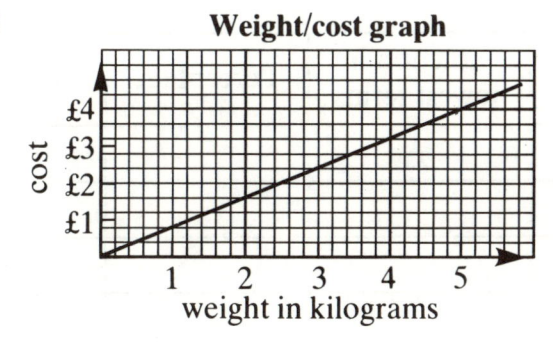

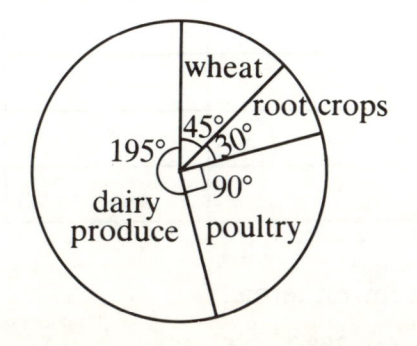

15 **Weight/cost graph**

  (a) From the graph find the cost of 2 kg, 3 kg, 3.5 kg, 1.2 kg, 4.7 kg.
  (b) Check your answers to (a) by calculation.
  (c) From the graph find the number of kilograms that can be bought for £2, £3, £1.20, 16p, 60p.
  (d) Check your answers to (c) by calculation.

16 The pie chart shows the value of produce on a farm.
The total value is £18 000. This is represented by 360°.
  (a) What amount does 1° represent?
  (b) Find the value of
    (i) dairy produce   (ii) root crops
    (iii) poultry   (iv) wheat.

4 OTHER TOPICS

PERCENTAGE

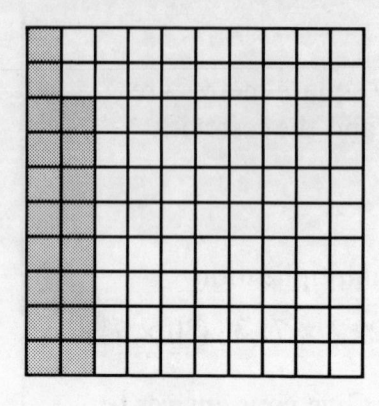

Per cent means per hundred. We write the shaded amount as 18% or 18 p.c.
It is read as 'eighteen per cent'.

Example 18% is shaded. 82% is not shaded.
As a fraction the shaded amount is $\frac{18}{100}$ which is $\frac{9}{50}$ in its lowest terms.

1 (a) (b) (c) (d)

Copy and complete the table.

		Fraction (Denominator 100)	Fraction in lowest terms	Percentage	Decimal
(a)	Shaded	$\frac{12}{100}$	$\frac{3}{25}$		0.12
	Not shaded				
(b)	Shaded				
	Not shaded				
(c)	Shaded				
	Not shaded				
(d)	Shaded				
	Not shaded				

2 Express these percentages as fractions in their lowest terms:

(a) 44%   (b) 60%   (c) 82%   (d) 15%   (e) 38%   (f) 6%

3 Express these fractions as percentages. (Make the denominator 100.)

(a) $\frac{23}{100}$ (b) $\frac{71}{100}$ (c) $\frac{37}{50}$ (d) $\frac{9}{50}$ (e) $\frac{17}{50}$ (f) $\frac{41}{50}$ (g) $\frac{29}{50}$
(h) $\frac{11}{25}$ (i) $\frac{19}{25}$ (j) $\frac{17}{20}$ (k) $\frac{3}{20}$ (l) $\frac{9}{10}$ (m) $\frac{2}{5}$ (n) $\frac{1}{4}$

4 Change these decimals to percentages:

(a) 0.28 (b) 0.96 (c) 0.34 (d) 0.75 (e) 0.29 (f) 0.62
(g) 0.135 (h) 0.241 (i) 0.062 (j) 0.049 (k) 0.108 (l) 0.265

5 In a mathematics test Ann scored 17 out of 20. Brian scored 20 out of 25 and Carol scored 42 out of 50. Find their percentage scores and place them in order with the highest first.

6 A school had 1200 pupils. 54% were boys. Find: (a) the number of boys and (b) the number of girls.

7 A grocer had 950 kg of potatoes and sold 42%. What weight did he: (a) sell and (b) still have?

8 A man invests £650 and is given 12% interest at the end of a year. How much interest does he receive?

9 There were 380 men and 120 women at a football match. What percentage were: (a) men and (b) women?

10 Ann spent 12% of her pocket money on papers and magazines. How much was this if she was given £1.50 pocket money?

11 There were 180 workmen at a factory and 15% of them were made redundant. How many: (a) were redundant and (b) were kept on at the factory?

12 Wages were increased by 16%. What would the new wage be for someone earning £85 a week before the increase?

13 A farmer sells 10% of his sheep. He then has 180 sheep left. How many sheep did he sell?

14 Air contains about $\frac{4}{5}$ nitrogen and $\frac{1}{5}$ oxygen. What percentage of the air is: (a) nitrogen and (b) oxygen?

15 Bars of chocolate were being sold at 3 for 50p. This price was reduced by 10%. What was the cost of one bar?

16 A woman earns £90 a week and is offered a choice of an extra £6.90 a week or else an 8% rise. Which should she take? By how much is it the greater?

17 A bicycle priced at £85 is reduced by 12% in a sale. (a) What is the reduction in price? (b) What price is paid for the bicycle?

MONEY: ADDITION AND SUBTRACTION

1. (a) 71p + 19p (b) 26p + 57p (c) 48p + 28p (d) 34p + 35p (e) 68p + 4p
   (f) £24 + £17 (g) £39 + £8 (h) £46 + £52 (i) £9 + £72 (j) £82 + £16

2. (a) 89p + 25p (b) 42p + 67p (c) 72p + 56p (d) 32p + 99p (e) 82p + 87p
   (f) £1.62 + 94p (g) 78p + £1.35 (h) 62p + £1.65 (i) £1.91 + 78p
   (j) £1.40 + 88p

3. (a) £ 9.23 + 6.24
   (b) £ 4.63 + 1.26
   (c) £ 7.48 + 2.74
   (d) £ 4.55 + 2.59
   (e) £ 9.08 + 4.97

   (f) £ 18.46 + 19.23
   (g) £ 28.49 + 46.42
   (h) £ 62.23 + 14.96
   (i) £ 143.79 + 127.62
   (j) £ 256.58 + 339.57

4. (a) £ 2.87 19.43 + 26.78
   (b) £ 46.32 83.19 + 7.84
   (c) £ 24.36 289.15 + 6.73
   (d) £ 286.43 149.27 + 84.55
   (e) £ 304.08 79.43 + 0.86

   (f) £48.27 + £16.84 (g) £40.36 + £9.74 (h) £86.29 + £26.62
   (i) £143.69 + £98.34 (j) £203.81 + £94.05 (k) £315.20 + £55.81
   (l) £96.20 + £13.62 + £41.87 (m) £2.80 + £216.42 + £96.75

5. (a) 84p − 16p (b) 29p − 26p (c) 93p − 67p (d) 71p − 8p (e) 60p − 11p
   (f) £40 − £16 (g) £72 − £56 (h) £31 − £19 (i) £54 − £35 (j) £90 − £27

6. (a) £1.40 − 24p (b) £7.66 − 39p (c) £4.85 − 67p (d) £3.51 − 43p
   (e) £5.06 − 20p (f) £9.23 − 44p (g) £3.60 − 82p (h) £6.01 − 92p

7. (a) £ 8.37 − 1.19
   (b) £ 9.63 − 4.55
   (c) £ 5.84 − 1.78
   (d) £ 2.93 − 0.64
   (e) £ 6.70 − 1.39

(f) £	(g) £	(h) £	(i) £	(j) £
18.32	43.29	80.12	53.41	91.64
− 9.43	−11.70	−13.66	− 7.33	−26.92

(k) £116.43 − £80.27 (l) £204.86 − £119.37 (m) £482.14 − £196.07
(n) £513.09 − £316.32 (o) £910.30 − £186.42 (p) £626.61 − £291.80

8 (a) £367.49 + £156.33 − £204.17   (b) £119.20 − £86.43 + £27.96
  (c) £201.35 − £96.70 − £101.64   (d) £392.64 + £9.27 + £108.54

9 (a) Add £146.73 to £241.40 then subtract £86.94.
  (b) Subtract £76.30 from £92.06 then add £240.15.
  (c) Take £96.34 from £705.92 then subtract £216.52.

10 A man earns £126.74, £109.28 and £116.86 in three successive weeks. How much does he earn altogether?

11 A woman earns £134.06 in one week and £112.95 the next week. Deductions from her pay amount to £27.78 for each week. What is the total amount of pay she takes home for the two weeks?

12 A farmer sells some hay for £137.80. He then buys some chickens for £26.35 and a sheepdog for £32.50. How much is left out of the money he received for the hay?

13 A housewife has £46.80 to run the house for a week. She spends £24.92 on groceries and pays for the newspapers, which cost £1.28. How much does she have left?

14 A shopkeeper takes £720.50 in a week. He pays out £141.78 in wages and settles bills which come to £416.52. How much does he have left out of his takings?

15 A car is listed at £3245 but 12% reduction is given for cash.
  (a) How much is the reduction?
  (b) How much is the cash price?

16 A family has a total income of £320.70 a week. They spend 10% of this on entertainment and £86.80 on food. How much of the income then remains?

17 How much change would you have from £50 if you bought a pair of shoes costing £18.65, a book for £2.82 and a watch for £26.35?

18 A man has £843.60 in his bank account. He deposits a further £196.57 and draws out £398.50. How much money is then left in his account?

MONEY: MULTIPLICATION AND DIVISION

1   **(a)** 7p × 2   **(b)** 9p × 3   **(c)** 12p × 5   **(d)** 6p × 9   **(e)** 10p × 7   **(f)** 13p × 6
     (g) £5 × 4   **(h)** £7 × 8   **(i)** £3 × 10   **(j)** £8 × 3   **(k)** £9 × 5   **(l)** £6 × 9

2   Give your answer in pounds. **Example** 13p × 10 = £1.30
     (a) 17p × 9   **(b)** 40p × 7   **(c)** 19p × 12   **(d)** 32p × 15   **(e)** 45p × 20
     (f) £1.10 × 4   **(g)** £2.08 × 9   **(h)** £4.31 × 5   **(i)** £6.23 × 8   **(j)** £3.60 × 7

3   **(a)** £2.56 × 6   **(b)** £5.19 × 8   **(c)** £7.34 × 4   **(d)** £1.62 × 9   **(e)** £4.49 × 3   **(f)** £3.87 × 7

     (g) £14.18 × 30   **(h)** £26.52 × 70   **(i)** £62.14 × 90   **(j)** £37.66 × 40   **(k)** £58.29 × 50   **(l)** £70.93 × 80

     (m) £84.32 × 18   **(n)** £65.28 × 25   **(o)** £47.09 × 61   **(p)** £96.53 × 44   **(q)** £78.17 × 37   **(r)** £30.66 × 59

4   **(a)** 8)24p   **(b)** 6)84p   **(c)** 4)52p   **(d)** 9)81p   **(e)** 5)35p   **(f)** 7)63p
     (g) 2)£76   **(h)** 7)£91   **(i)** 3)£87   **(j)** 8)£96   **(k)** 6)£78   **(l)** 4)£96
     (m) £147 ÷ 3   **(n)** £912 ÷ 8   **(o)** £605 ÷ 5   **(p)** £819 ÷ 7   **(q)** £855 ÷ 9   **(r)** £738 ÷ 6

5   **(a)** 4)£0.68   **(b)** 7)£9.38   **(c)** 3)£5.04   **(d)** 9)£6.12   **(e)** 6)£8.34
     (f) 10)£6.90   **(g)** 12)£70.80   **(h)** 15)£79.50   **(i)** 23)£14.72   **(j)** 34)£15.98
     (k) $\frac{£18.50}{25}$ **(l)** $\frac{£12.88}{46}$ **(m)** $\frac{£45.26}{62}$ **(n)** $\frac{£31.59}{81}$ **(o)** $\frac{£31.92}{57}$
     (p) £40.42 ÷ 94   **(q)** £14.06 ÷ 19   **(r)** £49.64 ÷ 73   **(s)** £40.02 ÷ 46   **(t)** £49.98 ÷ 51

6   **(a)** Divide £343.20 by 24   **(b)** Divide £864.16 by 44
     (c) Divide £965.94 by 51   **(d)** Divide £830.01 by 73

7   **(a)** $\frac{1}{8}$ of 72p   **(b)** $\frac{1}{6}$ of 90p   **(c)** $\frac{1}{4}$ of £104   **(d)** $\frac{1}{10}$ of £460   **(e)** $\frac{1}{5}$ of £165
     (f) $\frac{5}{8}$ of £96   **(g)** $\frac{5}{6}$ of £54   **(h)** $\frac{3}{4}$ of £76   **(i)** $\frac{7}{10}$ of £510   **(j)** $\frac{2}{5}$ of £235
     (k) $\frac{3}{7}$ × £8.33   **(l)** $\frac{4}{9}$ × £11.61   **(m)** $\frac{2}{3}$ × £22.14   **(n)** $\frac{3}{8}$ × £37.52   **(o)** $\frac{7}{12}$ × £59.40

8 What is the cost of 37 watches at £47.34 each?

9 40 families each contribute the same amount towards buying a bus for an old people's home. How much does each family pay if the bus costs £1802.40?

10 Find the total cost of each wage bill for a week:

    (a) 12 typists at £68.20 each   **(b)** 18 clerks at £65.72 each
          3 cleaners at £46.78 each   4 managers at £91.70 each
          38 machinists at £61.45 each   52 salesgirls at £61.96 each

11 A man earns £1.28 an hour for work on Monday to Friday.
On Saturday he earns $1\frac{1}{2}$ times the Monday to Friday rate.
On Sunday he earns twice the Monday to Friday rate.
Find the amount he earns in each of these weeks.

Number of hours worked		Sun.	Mon.	Tues.	Wed.	Thur.	Fri.	Sat.
	Week 1	2	8	7	9	6	8	5
	Week 2	3	10	$5\frac{1}{2}$	7	9	$8\frac{1}{2}$	4
	Week 3	4	$4\frac{1}{2}$	6	$7\frac{1}{2}$	8	9	2

12 **Example** $\dfrac{£28.08}{£2.34} = \dfrac{2808}{234} = 12$ *Note* The answer is 12 and *not* £12.

   (a) $\dfrac{£10.35}{£1.15}$ **(b)** $\dfrac{£14.70}{£2.10}$ **(c)** $\dfrac{£26.25}{£5.25}$ **(d)** $\dfrac{£30.24}{£3.36}$ **(e)** $\dfrac{£32.13}{£4.59}$ **(f)** $\dfrac{£36.24}{£9.06}$

   (g) $\dfrac{£104.86}{£7.49}$ **(h)** $\dfrac{£91.77}{£4.83}$ **(i)** $\dfrac{£214.24}{£8.24}$ **(j)** $\dfrac{£171.27}{£5.19}$ **(k)** $\dfrac{£115.08}{£1.37}$ **(l)** $\dfrac{£279.22}{£6.07}$

13 How many shrubs costing £4.84 each can be bought for £135.52?

14 £3.96 was paid for each goose. How many could be bought for £182.16?

15 31 workers in a factory win £1679.58 and share it equally.
How much will each get?

16 What is the cost of paving 63 metres if it costs £8.64 per metre?

17 A tailor makes a profit of £9.77 on each suit that he sells.
How many suits must he sell to make £400.57?

18 Carpet costs £18.62 per square metre. What is the cost of carpeting a room 4 metres wide and 6 metres long?

A MONEY PUZZLE

Copy and complete this money puzzle.
(p) at end of a clue means the answer is to be given in pence and (£) that it is to be given in pounds.
Solve the Across clues, then any Down clues needed to complete the puzzle. Solve the rest of the Down clues to check your calculations.

Across

1 £5.10 − £1.94 (p)
3 £19.24 + 13.34 (p)
7 £62.32 ÷ 76 (p)
8 17% of £4000 (£)
9 £68.11 − £66.62 (p)
11 £45 × 107 (£)
13 How many bicycles costing £108 each can be bought for £5076?
15 8% of £150 (£)
16 £596.64 ÷ 66 (p)
17 £12.91 × 700 (£)
21 £20.93 ÷ 91 (p)

23 £14.80 + £19.47 − £2.27 (£)
25 Four times £1.91 (p)
27 £10 − £3.82 (p)
29 £2.57 × 20 (p)
31 £9.36 ÷ 52 (p)
33 What percentage of £1500 is £360?
34 £29.30 + £16.88 − £40.15 (p)
36 $\frac{4}{7}$ of £245 (£)
38 £4.95 + £3.94 + £6.78 (p)
41 £7 − £2.18 (p)
42 £5.95 ÷ 17 (p)
43 £82.62 ÷ 27 (p)

Down

1 16p less than £4 (p)
2 £496.26 + £792.74 (£)
3 $\frac{2}{9}$ of £171 (£)
4 £889.32 + £1159.68 (£)
5 How many drills costing £28 each can be bought for £2268?
6 A motor-cycle marked £1200 is reduced by 34%. What is its cost? (£)
8 Find the cost of 6 books at £1.09 each (p)
10 89p + £2.73 + 55p (p)
12 £51 − £49.93 (p)
14 Cost of $2\frac{1}{4}$ kg at £3.12 per kg (p)
18 $\frac{6}{7}$ of £392 (£)

19 £90 − £78.32 + £51.88 (p)
20 43% of £200 (£)
22 36 bars of chocolate at 19 p each (p)
24 $\frac{5}{8}$ of £3.36 (p)
25 Express £6.58 as a percentage of £9.40
26 £15.58 ÷ 38 (p)
28 24p × 500 (£)
30 £100 − £13.29 − £43.59 (p)
32 $\frac{3}{10}$ of £270 (£)
35 25% of £3052 (£)
37 82p + £2.39 + £1.12 (p)
39 Express £47.82 as a percentage of £63.76.
40 £13.78 ÷ 53 (p)

RATIO

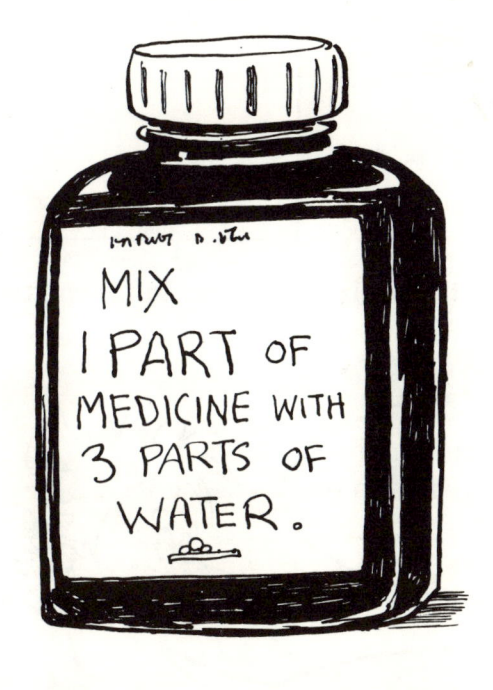

1 millilitre is written as 1 mℓ.

1 Copy and complete
   1 mℓ of medicine is mixed with 3 mℓ of water.
   2 mℓ of medicine is mixed with __ mℓ of water.
   3 mℓ of medicine is mixed with __ mℓ of water.

2 How many mℓ of water are needed for these amounts of medicine?

   (a) 5 mℓ (b) 8 mℓ (c) 12 mℓ
   (d) 15 mℓ (e) 25 mℓ

3 How much medicine would be mixed with these amounts of water?

   (a) 12 mℓ (b) 21 mℓ (c) 30 mℓ (d) 42 mℓ (e) 54 mℓ (f) 60 mℓ

The ratio of medicine (m) to water (w) is 1 to 3. This can be written as m : w = 1 : 3
The ratio of water to medicine is 3 to 1. This can be written as w : m = 3 : 1

4

"We will share these 12 sweets but I will have 2 for every 1 that I give you."

"That is a ratio. A:B = 2:1"

Ann	Brian
2	1
2	1
2	1
2	1
8	4

Ann gets 8 sweets
Brian gets 4.

Use the same method to share these numbers of sweets in the ratio 2 : 1:

(a) 6 (b) 15 (c) 21 (d) 36 (e) 45

5 Ann had 2 out of every 3 sweets. She had $\frac{2}{3}$ of the sweets. Brian had 1 out of every 3 sweets. He had $\frac{1}{3}$ of the sweets. If Ann and Brian shared 54 sweets in the ratio 2 : 1, Ann would get $\frac{2}{3}$ of 54 and Brian would get $\frac{1}{3}$ of 54. How many sweets would they each get?

6 Copy and complete this table. It shows numbers shared between two people P and Q.

(a) Number to be shared	(b) Ratio P : Q	(c) Fraction P gets	(d) Fraction Q gets	(e) Number P gets	(f) Number Q gets
30	3 : 2	$\frac{3}{5}$	$\frac{2}{5}$	$\frac{3}{5} \times 30 =$ __	$\frac{2}{5} \times 30 =$ __
25	2 : 3				
42	3 : 4				
35	4 : 3				
24	5 : 1				
36	1 : 5				

Check that: the sum of the numbers in (e) and (f) equals the number in (a) and that the fractions in (c) and (d) have a sum of 1.

"Ratios are like fractions. The answers should always be in the lowest terms. $\frac{3}{6} = \frac{1}{2}$ so 3:6 = 1:2"

"The units have to be the same. £1:50p = 100:50 = 2:1"

Remember:
1 cm = 10 mm   1 m = 100 cm
1 km = 1000 m

7 Write these ratios in their lowest terms:

(a) 5 : 20 **(b)** 14 : 21 **(c)** 8 : 10 **(d)** 16 : 20 **(e)** 9 : 12 **(f)** 40 : 50
(g) 18 : 12 **(h)** 24 : 8 **(i)** 15 : 9 **(j)** 32 : 20 **(k)** 44 : 33 **(l)** 60 : 35

8 Simplify these ratios and give the answers in their lowest terms:

(a) £4 : £12 **(b)** 80p : 45p **(c)** £1.20 : 90p **(d)** 72p : £1.24 **(e)** £1.50 : £1.80
(f) 8 cm : 20 cm **(g)** 8 mm : 1 cm **(h)** 12 mm : 2 cm **(i)** 6 cm : 25 mm
(j) 1 m : 600 cm **(k)** 2 m : 450 cm **(l)** 320 cm : 3 m **(m)** 100 cm : 4 m
(n) 800 m : 1 km **(o)** 400 m : 2 km **(p)** 4 km : 6000 m **(q)** 850 m : 2 km
(r) 1 h : 40 min **(s)** 2 h : 70 min **(t)** 4 h : 1 h 30 min **(u)** 1 h 50 min : 22 min

9 Find the missing numbers:

(a) 50 : 18 = 25 : □ **(b)** 36 : 48 = □ : 4 **(c)** 20 : □ = 4 : 7 **(d)** □ : 42 = 11 : 6
(e) 40 : □ = 5 : 9 **(f)** 27 : 90 = 3 : □ **(g)** £1.10 : 90p = □ : 9
(h) 8 cm : 20 mm = 4 : □ **(i)** 2 km : 3000 m = □ : 3

10 Measure these lines in centimetres:

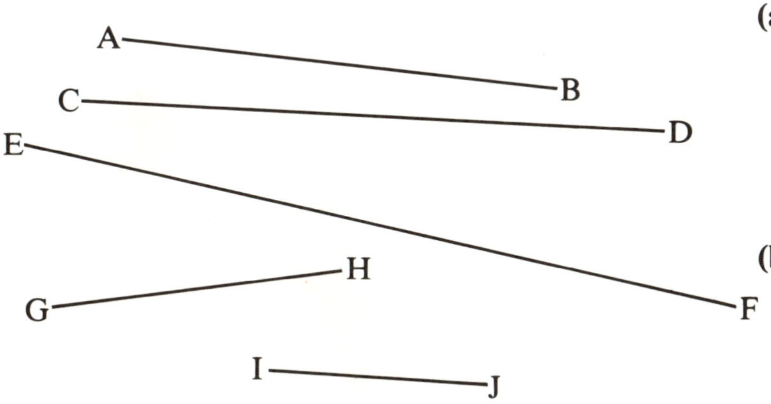

(a) Copy and complete the table:

	AB	CD	EF	GH	IJ
Length in cm					

(b) Find these ratios in their lowest terms:
(i) AB : CD (ii) EF : GH
(iii) IJ : AB (iv) CD : EF
(v) AB : EF (vi) GH : CD

Ann and Brian share counters. A and B show the number Ann and Brian get. The ratio is shown in the rectangle.

11 Find the missing numbers:

	A	A : B	B		A	A : B	B		A	A : B	B
(a)	4	1 : 2	?	**(b)**	7	1 : 6	?	**(c)**	9	1 : 10	?
(d)	6	1 : 3	?	**(e)**	8	1 : 4	?	**(f)**	12	1 : 9	?
(g)	?	1 : 5	20	**(h)**	?	1 : 2	32	**(i)**	?	1 : 8	24
(j)	?	1 : 4	16	**(k)**	?	1 : 1	11	**(l)**	?	1 : 6	54
(m)	14	2 : 1	?	**(n)**	40	5 : 1	?	**(o)**	35	7 : 1	?
(p)	?	6 : 1	4	**(q)**	?	8 : 1	3	**(r)**	?	10 : 1	9
(s)	6	2 : 3	?	**(t)**	12	3 : 4	?	**(u)**	16	4 : 7	?
(v)	?	3 : 7	21	**(w)**	?	8 : 3	15	**(x)**	?	10 : 9	18

12 Find the missing number in the ratio:

	A	A:B	B		A	A:B	B		A	A:B	B
(a)	⑥	3: ☐	⑧	(b)	⑩	2: ☐	⑮	(c)	⑱	9: ☐	⑯
(d)	⑫	☐ :9	㉗	(e)	㉘	☐ :8	㉜	(f)	㉔	☐ :5	㊵
(g)	⑯	4: ☐	⑳	(h)	㉕	☐ :6	㉚	(i)	㉑	7: ☐	⑮

13 Jack and Jill have ages in the ratio of 3 : 2. Jack is 12 years old. How old is Jill?

14 Bill and Ben share 88p in the ratio 5 : 6. How much does each boy get?

15 Two chemicals are mixed in the ratio 4 : 5. There are 48 millilitres of the first chemical. How much of the second chemical is there?

16 Mr and Mrs Jones share some money in the ratio 3 : 7. Mr Jones had £21. How much did Mrs Jones have?

17 Carol spends £1.20 on sweets and magazines in the ratio 7 : 5. How much does she spend on each of them?

18 The time spent by a baby awake and sleeping is in the ratio 3 : 5. How long does the baby spend awake and sleeping in 24 hours?

19 Two types of tea are mixed in the ratio of 5 : 8. How much of each type will there be if the blend produced weighs 52 kilograms?

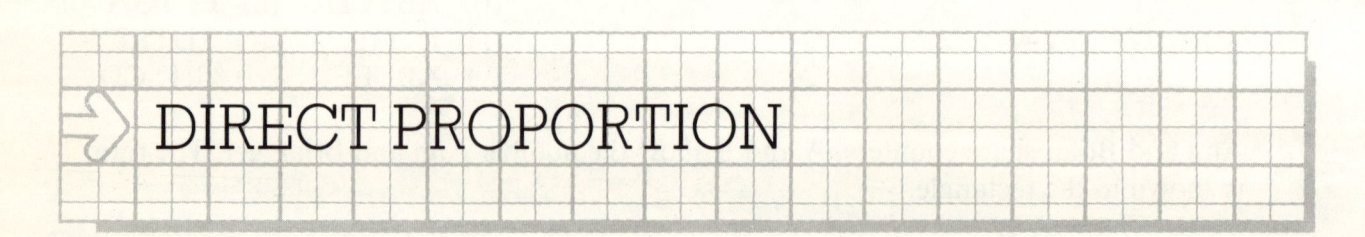

DIRECT PROPORTION

1 Find the cost of 1 when:

(a) 4 sweets cost 8p (b) 9 books cost £27 (c) 6 apples cost 48p
(d) 3 plants cost 93p (e) 5 comics cost 65p (f) 7 stamps cost 84p

2 1 biro costs 9p. Find the cost of:

(a) 2 biros (b) 8 biros (c) 11 biros (d) 19 biros (e) 20 biros

3 1 ice-cream costs 14p. Find the cost of:

(a) 3 ice-creams (b) 9 ice-creams (c) 14 ice-creams (d) 23 ice-creams

4 1 kg of fertiliser costs £1.20. Find the cost of:

(a) 4 kg (b) 6 kg (c) 13 kg (d) 16 kg (e) 26 kg (f) 32 kg

5 Copy and complete:

3 metres of ribbon cost 21p
1 metre will cost ____ p
8 metres will cost ____ p

6 Copy and complete:

7 kg of potatoes cost £1.54
1 kg will cost ____ p
4 kg will cost ____ p

7 **(a)** 8 eggs cost 56p. Find the cost of: (i) 1 egg   (ii) 10 eggs   (iii) 12 eggs
(iv) 27 eggs   (v) 33 eggs   (vi) 40 eggs   (vii) 56 eggs
(b) 6 pencils cost 48p. Find the cost of: (i) 1 pencil   (ii) 7 pencils   (iii) 10 pencils
(iv) 21 pencils   (v) 38 pencils   (vi) 43 pencils
(c) 4 rulers cost £2.40. Find the cost of: (i) 1 ruler   (ii) 8 rulers   (iii) 13 rulers
(iv) 22 rulers   (v) 30 rulers   (vi) 46 rulers

8 A farmer buys 43 chicks for £30.96.

(a) Find the cost of 1 chick.   **(b)** What would be the cost of (i) 20 chicks
(ii) 82 chicks   (iii) 100 chicks   (iv) 120 chicks?

9 Forty parcels, all the same weight, weigh 21.70 kg (1 kg = 1000 g). Find the weight of:

(a) 1 parcel   **(b)** 7 parcels   **(c)** 10 parcels   **(d)** 25 parcels

10 A car travels 44 km on 4 litres of petrol. How far will it travel on:

(a) 1 litre   **(b)** 9 litres   **(c)** 18 litres   **(d)** 37 litres   **(e)** 48 litres?

11 A lorry travels 32 km on 4 litres of petrol. How many litres does it need to travel:

(a) 8 km   **(b)** 4 km   **(c)** 72 km   **(d)** 180 km   **(e)** 212 km?

Some questions cannot be worked out by direct proportion. First list those questions below that *cannot* be done by this method, then list those that *can*.
Find the answers to the questions in your second list.

12 A sprinter runs 100 metres in 10 seconds. How long will he take to run 400 metres?

13 A woman takes 3 minutes to knit 4 rows. At this rate how long would she take to knit 2 rows?

14 2 men take 20 hours to plant a field. How long would 3 men have taken to plant the field if they work at the same rate?

15 A factory worker earns £21 for 10 hours' work. How much would he earn for 8 hours' work if he was paid at the same rate?

16 It takes me 18 minutes to read 36 pages of a book. How long would it take me to read 20 pages at the same rate?

17 A cricketer scored 48 runs in each of his first two innings. How many runs would he score in 10 innings?

18 I bought an electric light bulb and it lasted for only 3 weeks. How many bulbs will I have to buy in a year?

19 A frog weighing 30 grams jumps 1 metre. How far would a frog weighing 45 grams be able to jump?

20 10 cubic centimetres of wood weigh 8 grams. How much would 16 cubic centimetres of the wood weigh?

21 A cake takes 45 minutes to cook. If 6 such cakes are put in the oven how long will they take to cook?

22 A boy grew 4 centimetres in 2 years. How many centimetres will he grow in 10 years?

23 A girl saves 82p one week and 75p the next week. How much will she save in 10 weeks?

24 A factory worker produces 784 cars in 14 days. How many cars would be produced in 10 days if the rate of production was maintained?

AVERAGE OR ARITHMETIC MEAN

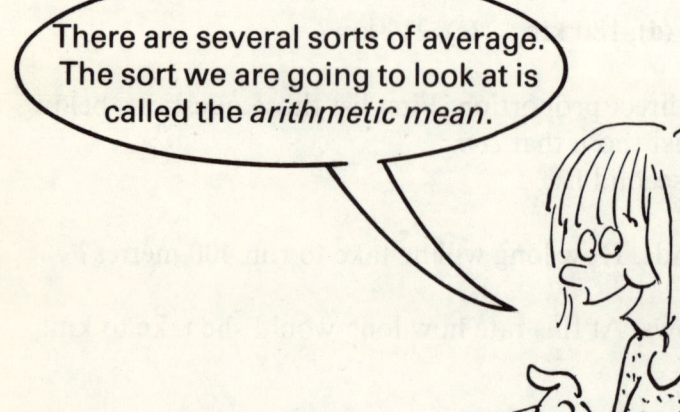

There are several sorts of average. The sort we are going to look at is called the *arithmetic mean*.

$$\text{Average} = \frac{\text{Total}}{\text{Number of terms}}$$

Example Calculate the average of 18, 26, 9 and 14.

$$\text{Average} = \frac{18 + 26 + 9 + 14}{4} = \frac{67}{4} = 16\frac{3}{4}.$$

Calculate the average:

1. (a) 8, 6, 10   (b) 5, 11, 14   (c) 28, 34   (d) 3, 7, 9, 21   (e) 36, 22, 7, 11
   (f) 17, 22   (g) 38, 47   (h) 17, 2, 18   (i) 2, 5, 16, 27   (j) 18, 28, 30, 45
   (k) $4\frac{1}{2}, 7$ (l) $8, 3\frac{1}{2}$ (m) $9\frac{1}{4}, 1\frac{1}{4}$ (n) $4\frac{3}{4}, 2\frac{1}{2}$ (o) $7, 5\frac{1}{2}, 4\frac{1}{2}, 10\frac{1}{2}$ (p) $3\frac{5}{8}, 1\frac{1}{8}$
   (q) $6\frac{3}{10}, 12\frac{1}{10}$ (r) $2\frac{1}{3}, 4, 6\frac{1}{3}$ (s) $3, 8\frac{1}{2}, 2\frac{3}{5}$ (t) $4\frac{1}{4}, 1\frac{1}{8}, 2\frac{3}{8}$

2. (a) 6.5, 3.7   (b) 2.4, 6.2   (c) 1.7, 3.9, 4.9   (d) 2.8, 4.3, 1.6, 0.3   (e) 2.39, 1.78
   (f) 4.93, 8.67   (g) 0.95, 2.34, 8.74   (h) 8.2, 7.94, 3.82, 4.0   (i) 14.36, 7.948
   (j) 23.72, 18.96, 34.525   (k) 18.392, 0.785, 1.275, 8.004

3. A boy jumps 2.81 metres, 2.63 metres, 1.98 metres and 2.84 metres. What is the average length of his jumps?

4. The temperature taken at midday in a classroom on five days was 18.3°C, 20.1°C, 22.4°C, 19.8°C and 20.9°C. Find the average daily temperature.

5. The daily attendance for a class on five days was 38, 32, 25, 33 and 29. What was the average daily attendance?

6. Six children collected money for a charity by a sponsored mathematics test. They collected £1.07, 90p, 83p, £1, 40p and 78p. What was the average amount per child?

7. The lengths of seven planks are 6.2 m, 5.8 m, 4.96 m, 5.34 m, 5.76 m, 6.04 m and 4.82 m. What is the average length of the planks?

8. A girl walks the following distances during a week: 2.76 km, 3.04 km, 1.74 km, 0, 2.4 km, 5.7 km, 6.9 km. What is the average distance walked per day?

9. The weights of eight pupils are: 48.7 kg, 50.3 kg, 41.7 kg, 39.8 kg, 45.9 kg, 47.7 kg, 48.8 kg and 50.7 kg. What is their average weight?

10. A coalman sold the following number of tonnes in ten days: 5.86 t, 7.95 t, 10.1 t, 3.7 t, 12.9 t, 8.04 t, 6.39 t, 11.77 t, 7.89 t, and 4.05 t. What was the average number of tonnes sold per day?

Average speed = $\dfrac{\text{total distance}}{\text{total time}}$.

Example A man travels 78 kilometres in 2 hours and then 182 kilometres in the next 3 hours. What is his average speed for the journey?
Note kilometres per hour are abbreviated to km/h.
Average speed = $\dfrac{78 + 182}{2 + 3}$ km/h = $\dfrac{260}{5}$ km/h = 52 km/h.

Calculate the average speeds for the journeys in questions 11 to 19.

11. 56 km in 1 hour, then 85 km in 2 hours.

12. 98 km in 2 hours, then 268 km in 4 hours.

13 249 km in 3 hours, then 471 km in 5 hours.

14 568 km in 6 hours, then 69 km in 1 hour.

15 383 km in 4 hours, then 409 km in 5 hours.

16 4.8 km in 40 minutes, then 6.4 km in 1 hour 20 minutes.

17 8.3 km in 10 minutes, then 21.8 km in 30 minutes.

18 5.1 km in 5 minutes, then 16.4 km in 15 minutes.

19 2.6 km in 8 minutes, then 4.9 km in 7 minutes.

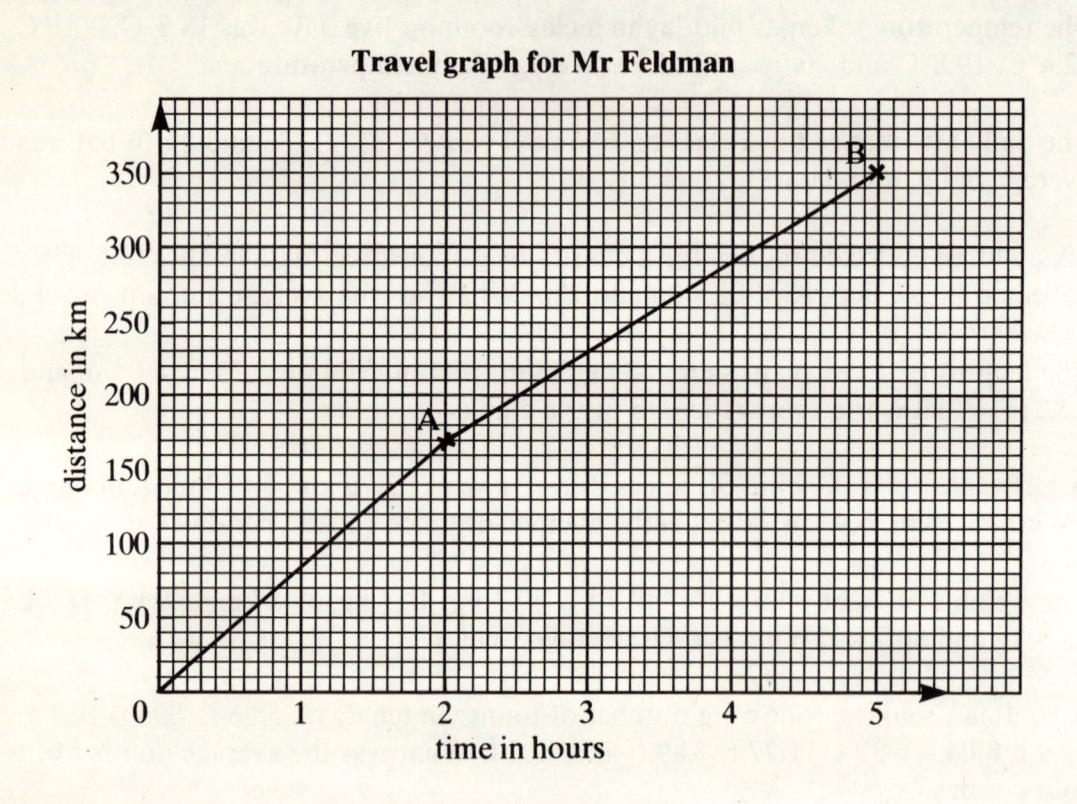

Travel graph for Mr Feldman

20 Mr Feldman travelled by car for two hours and then he caught a bus.

(a) How far is it from: (i) O to A   (ii) A to B   (iii) O to B?
(b) For how long did Mr Feldman travel: (i) by car   (ii) by bus   (iii) altogether?
(c) What was the average speed: (i) from O to A   (ii) from A to B
   (iii) for the whole journey?
(d) If Mr Feldman had stopped 2 hours for a meal what would his average speed have been for the whole journey? (Include the meal time in the total time taken.)

RING-A-RING OF ROSES

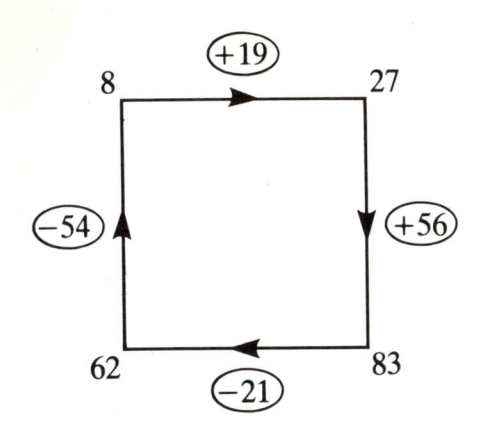

Explanation

We start with any four numbers at the corner of a square.
Start at any of them. Suppose we choose 8.
Move in the direction of the arrows.
Add 19 to 8 to make 27. We write +19 in a ring.
Add 56 to 27 to make 83. Write +56.
Subtract 21 from 83 to make 62. Write −21.
Subtract 54 from 62 to make 8. Write −54.
The + numbers make 75. The − numbers make −75.

The + and − values will always be equal.
Check with these squares. Start at the top left-hand corner.
Copy and complete:

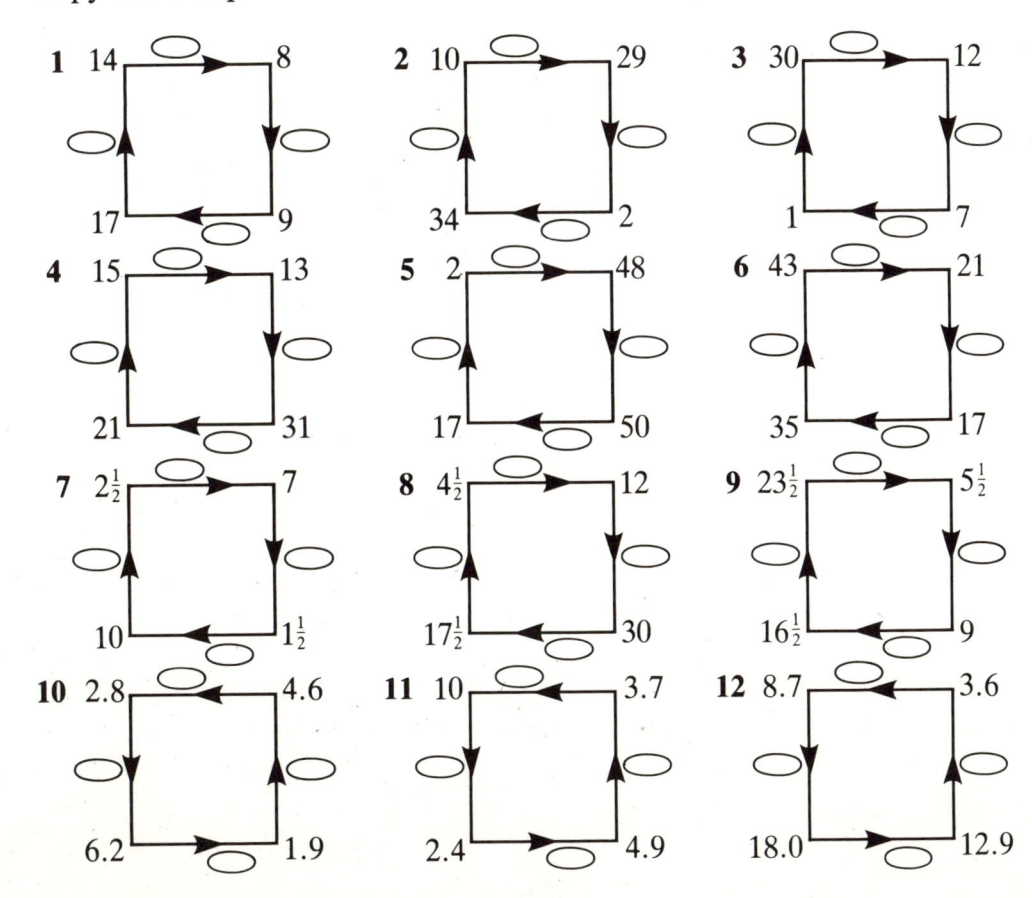

1. 14, 8, 9, 17
2. 10, 29, 2, 34
3. 30, 12, 7, 1
4. 15, 13, 31, 21
5. 2, 48, 50, 17
6. 43, 21, 17, 35
7. 2½, 7, 1½, 10
8. 4½, 12, 30, 17½
9. 23½, 5½, 9, 16½
10. 2.8, 4.6, 1.9, 6.2
11. 10, 3.7, 4.9, 2.4
12. 8.7, 3.6, 12.9, 18.0

13 Square with arrows: top-left $2\frac{3}{4}$, top-right $1\frac{7}{8}$, bottom-left 7, bottom-right $5\frac{1}{2}$

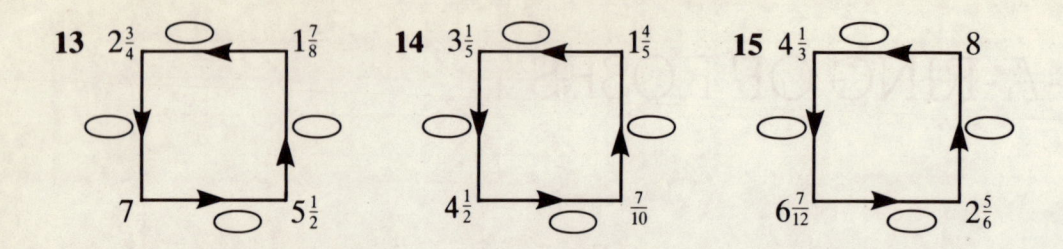

14 Square with arrows: top-left $3\frac{1}{5}$, top-right $1\frac{4}{5}$, bottom-left $4\frac{1}{2}$, bottom-right $\frac{7}{10}$

15 Square with arrows: top-left $4\frac{1}{3}$, top-right 8, bottom-left $6\frac{7}{12}$, bottom-right $2\frac{5}{6}$

Fill in any numbers you like and show that the + and − numbers are still equal. Start where you like and go round in either direction. It always works.

Copy and complete:

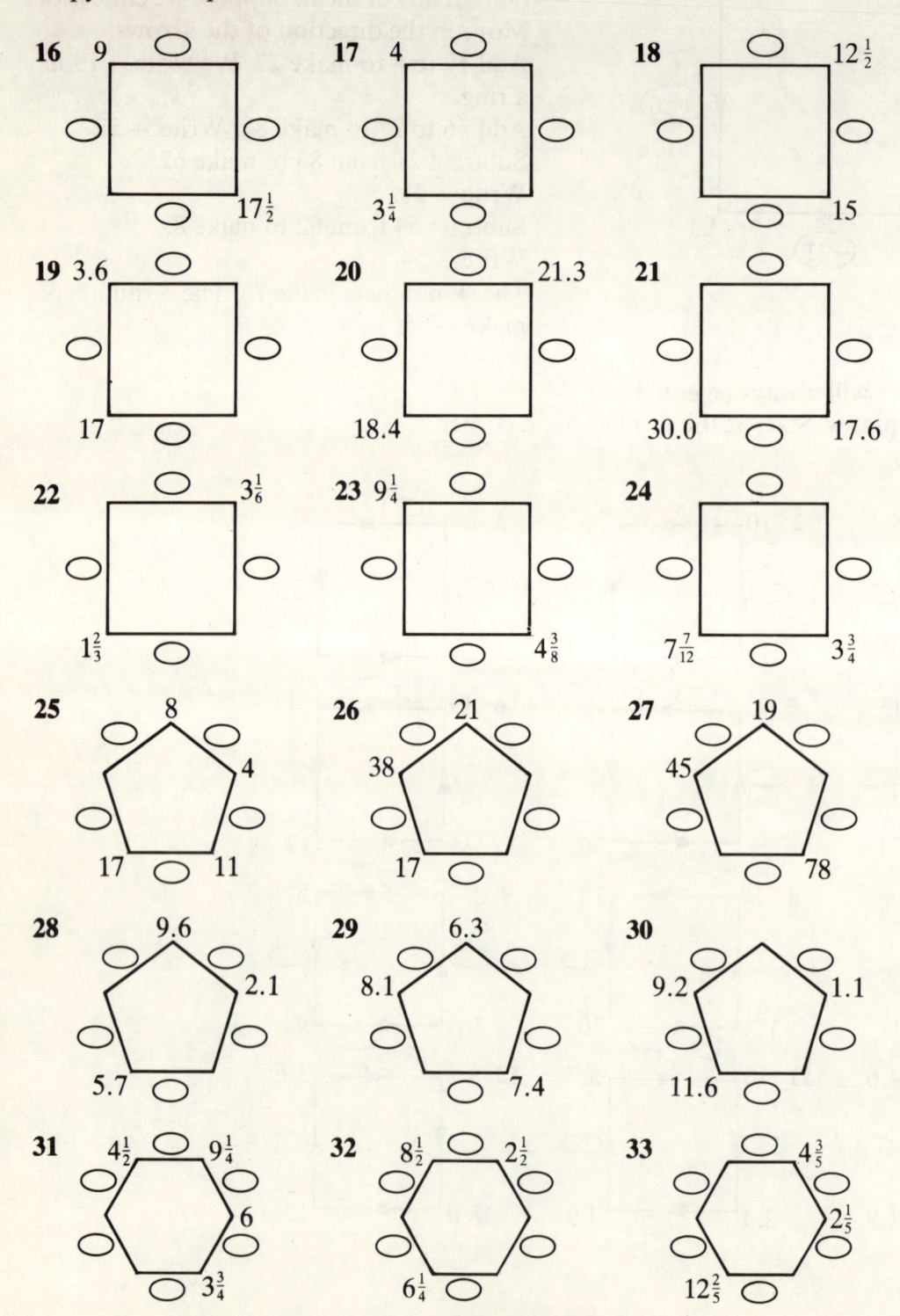

16 Square: top-left 9, bottom-right $17\frac{1}{2}$

17 Square: top-left 4, bottom-left $3\frac{1}{4}$

18 Square: top-right $12\frac{1}{2}$, bottom-right 15

19 Square: top-left 3.6, bottom-left 17

20 Square: top-right 21.3, bottom-left 18.4

21 Square: bottom-left 30.0, bottom-right 17.6

22 Square: top-right $3\frac{1}{6}$, bottom-left $1\frac{2}{3}$

23 Square: top-left $9\frac{1}{4}$, bottom-right $4\frac{3}{8}$

24 Square: bottom-left $7\frac{7}{12}$, bottom-right $3\frac{3}{4}$

25 Pentagon: top 8, upper-right 4, bottom-left 17, bottom-right 11

26 Pentagon: top 21, upper-left 38, bottom-left 17

27 Pentagon: top 19, upper-left 45, bottom-right 78

28 Pentagon: top 9.6, upper-right 2.1, bottom-left 5.7

29 Pentagon: top 6.3, upper-left 8.1, bottom-right 7.4

30 Pentagon: top 9.2, upper-right 1.1, bottom-left 11.6

31 Hexagon: upper-left $4\frac{1}{2}$, upper-right $9\frac{1}{4}$, middle-right 6, bottom $3\frac{3}{4}$

32 Hexagon: upper-left $8\frac{1}{2}$, upper-right $2\frac{1}{2}$, bottom $6\frac{1}{4}$

33 Hexagon: upper-right $4\frac{3}{5}$, middle-right $2\frac{1}{5}$, bottom-left $12\frac{2}{5}$

These are like questions 1 to 33 but with × and ÷ instead of + and −. Multiply the × numbers. Divide the ÷ numbers. The answers should be the same. Start wherever you like, the result will be the same. Go in clockwise direction round the squares.
Copy and complete:

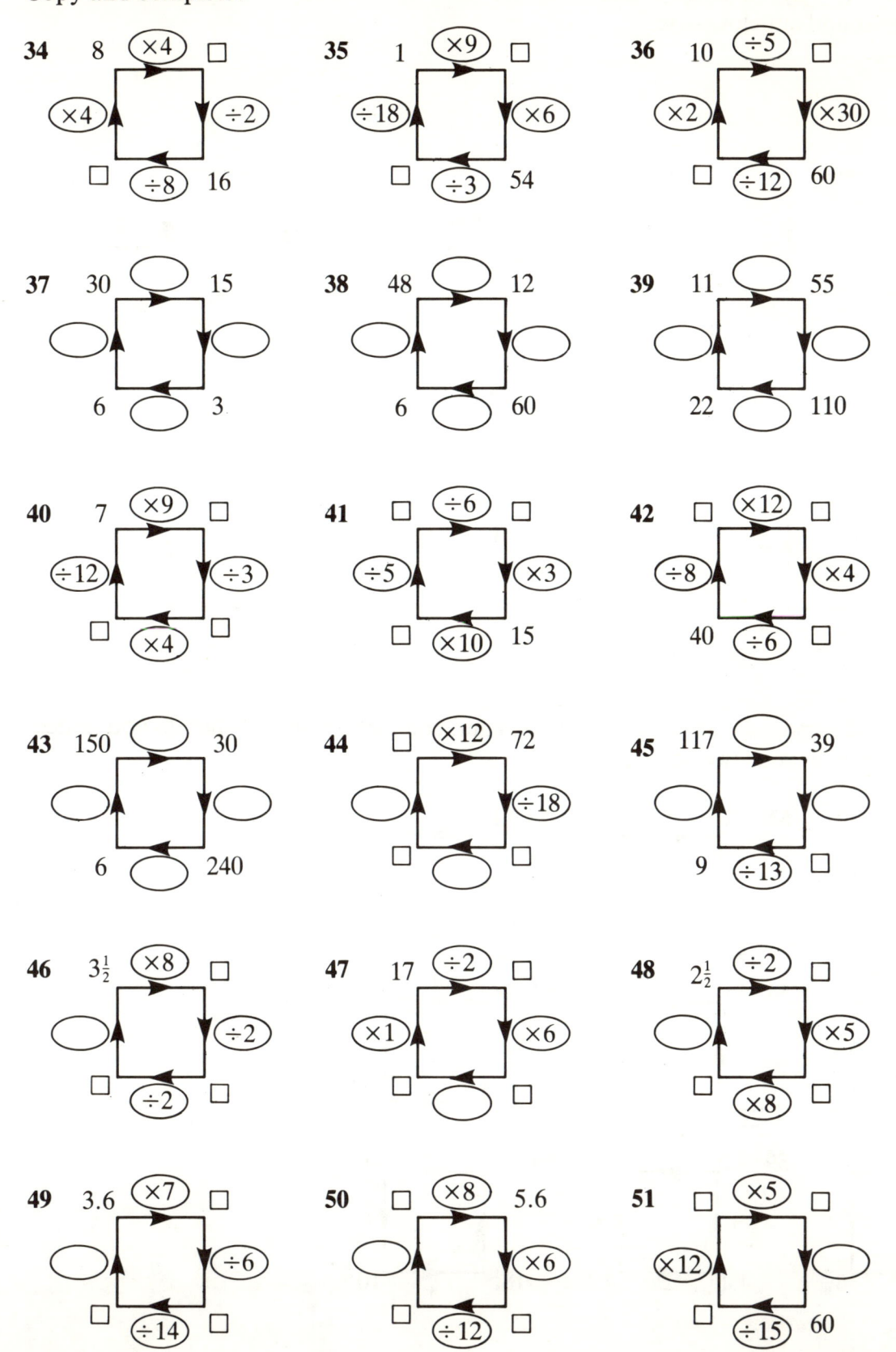

34 8 ×4 □ / ×4 ÷2 / □ ÷8 16

35 1 ×9 □ / ÷18 ×6 / □ ÷3 54

36 10 ÷5 □ / ×2 ×30 / □ ÷12 60

37 30 ○ 15 / ○ ○ / 6 ○ 3

38 48 ○ 12 / ○ ○ / 6 ○ 60

39 11 ○ 55 / ○ ○ / 22 ○ 110

40 7 ×9 □ / ÷12 ÷3 / □ ×4 □

41 □ ÷6 □ / ÷5 ×3 / □ ×10 15

42 □ ×12 □ / ÷8 ×4 / 40 ÷6 □

43 150 ○ 30 / ○ ○ / 6 240

44 □ ×12 72 / ○ ÷18 / □ ○ □

45 117 ○ 39 / ○ ○ / 9 ÷13 □

46 3½ ×8 □ / ○ ÷2 / □ ÷2 □

47 17 ÷2 □ / ×1 ×6 / □ ○ □

48 2½ ÷2 □ / ○ ×5 / □ ×8 □

49 3.6 ×7 □ / ○ ÷6 / □ ÷14 □

50 □ ×8 5.6 / ○ ×6 / □ ÷12 □

51 □ ×5 □ / ×12 ○ / □ ÷15 60

105

Start at the top left corner of each square.
First go round clockwise and fill in the missing numbers.
Then draw another square with the same four numbers at the corners.
Replace + by −, − by +, × by ÷ and ÷ by ×.
The arrows go round anticlockwise.

Example

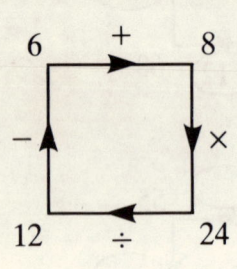

You fill in the missing number and get this:

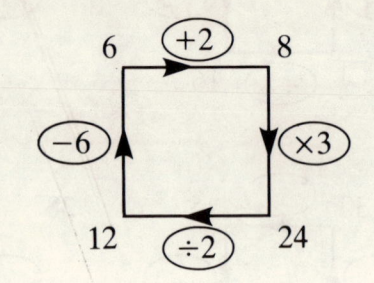

Next draw the square again, reversing the arrows and changing the signs.

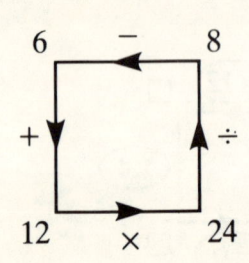

Start at 6 and fill in the missing numbers.

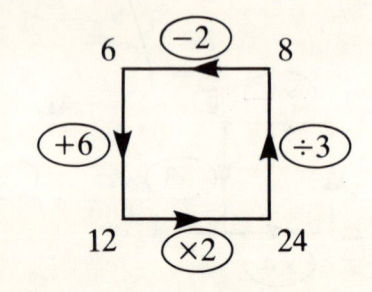

Now do these the same way, drawing two squares and completing them. What do you notice about the numbers in your two squares?

52 14 − 9 / 28 + 3 (÷, ÷)

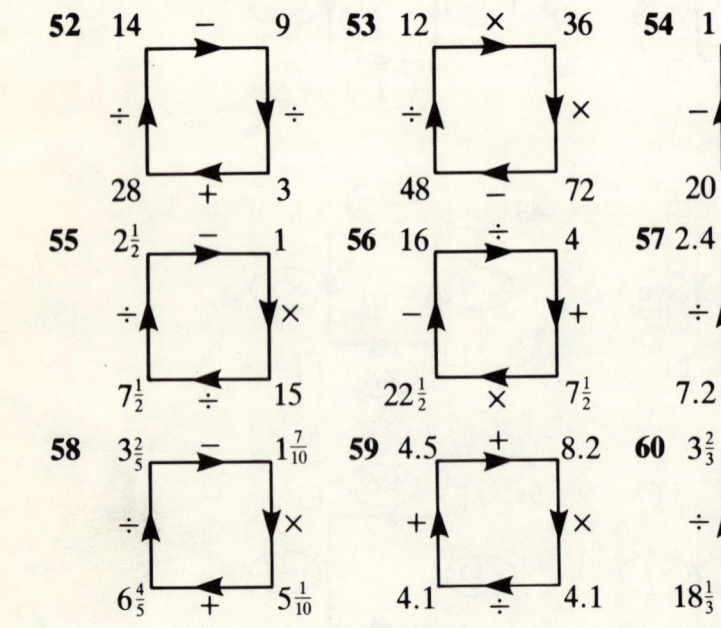

53 12 × 36 / 48 − 72 (÷, ×)

54 1 + 8 / 20 ÷ 80 (−, ×)

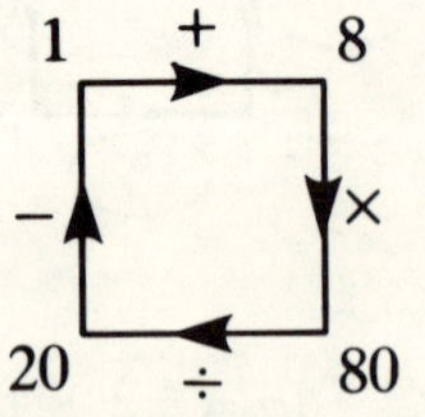

55 2½ − 1 / 7½ ÷ 15 (÷, ×)

56 16 ÷ 4 / 22½ × 7½ (−, +)

57 2.4 + 3.2 / 7.2 − 19.2 (÷, ×)

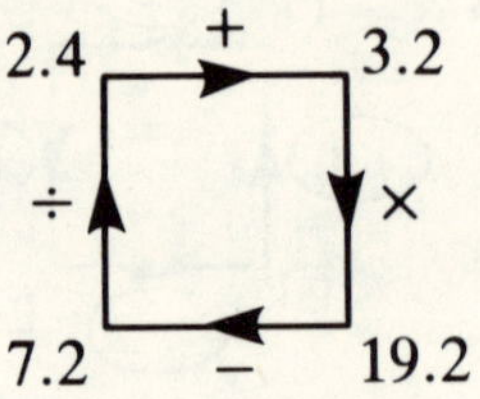

58 3⅖ − 1⁷⁄₁₀ / 6⅘ + 5¹⁄₁₀ (÷, ×)

59 4.5 + 8.2 / 4.1 ÷ 4.1 (+, ×)

60 3⅔ − 1⁷⁄₉ / 18⅓ + 10⅔ (÷, ×)

106

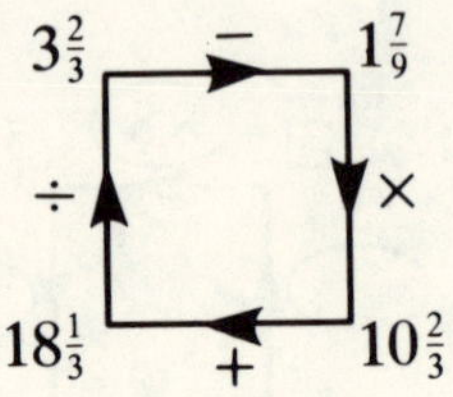

LETTERS AND NUMBERS

I am thinking of a number. I add 8 to it. The result is 20. What number was I thinking of?

I'll call the number n.
$n + 8 = 20$
But $12 + 8 = 20$
so $n = 12$.

Find the number I am thinking of.

1. I am thinking of a number. I add 7 to it. The result is 40.

2. I add 9 to a number and the result is 23.

3. I subtract 16 from a number. The result is 61.

4. I subtract 25 from a number and then get 73.

5. I add $14\frac{1}{2}$ to a number and then get 20.

6. I subtract $1\frac{3}{4}$ from a number and then get $2\frac{1}{2}$.

7. I add 5.7 to a number and then get 8.1.

> To solve question 1 Brian wrote $n + 7 = 40$.
> Carol did the same and then subtracted 7 from each side
> $n + 7 - 7 = 40 - 7$ so $n = 33$.

8. Write an equation for questions 2 to 7 and solve them Carol's way.

9. Solve these equations:

   (a) $n + 5 = 18$ (b) $n + 10 = 96$ (c) $n + 31 = 60$ (d) $n + 41 = 100$
   (e) $n - 7 = 22$ (f) $n - 19 = 62$ (g) $n - 59 = 83$ (h) $n - 94 = 111$
   (i) $a + \frac{1}{2} = 4$ (j) $a + 1\frac{1}{4} = 3$ (k) $a + 3\frac{1}{5} = 4$ (l) $a + 2\frac{1}{10} = 4\frac{7}{10}$
   (m) $b - \frac{3}{4} = 6$ (n) $b - 3\frac{1}{2} = \frac{1}{4}$ (o) $b - 1\frac{2}{3} = \frac{5}{6}$ (p) $b - 3\frac{3}{4} = 1\frac{5}{8}$

10. $2 \times n$ is written as $2n$. Solve these equations:

    (a) $2n = 8$ (b) $2n = 24$ (c) $2n = 80$ (d) $2n = 5$ (e) $2n = 7$
    (f) $3n = 15$ (g) $3n = 57$ (h) $3n = 105$ (i) $3n = 10$ (j) $3n = 14$

11 Example $\frac{n}{2} = 11$, $\frac{n \times 2}{2} = 11 \times 2$, $n = 22$.

Solve these equations:

(a) $\frac{n}{3} = 4$ (b) $\frac{n}{2} = 8$ (c) $\frac{n}{2} = 10$ (d) $\frac{n}{2} = 16$ (e) $\frac{n}{2} = 31$ (f) $\frac{n}{2} = 47$

(g) $\frac{x}{3} = \frac{1}{2}$ (h) $\frac{x}{2} = 1\frac{1}{4}$ (i) $\frac{x}{6} = \frac{2}{3}$ (j) $\frac{x}{4} = 1\frac{1}{2}$ (k) $\frac{x}{10} = 1\frac{1}{5}$ (l) $\frac{x}{9} = 1\frac{1}{3}$

(m) $\frac{x}{2} = 1.3$ (n) $\frac{x}{4} = 3.5$ (o) $\frac{n}{4} = 0.7$ (p) $\frac{n}{5} = 3.9$ (q) $\frac{n}{3} = 11.8$ (r) $\frac{n}{10} = 21.1$

$A = lb$ where A is the area of a rectangle, l is the length and b its breadth.

Example $l = 8$ cm $\quad b = 3.5$ cm $\quad A = 8 \times 3.5$ cm$^2 = 28.0$ cm^2

12 Calculate A when:

(a) $l = 4$ cm, $b = 3$ cm (b) $l = 9$ cm, $b = 5$ cm (c) $l = 15$ cm, $b = 8$ cm
(d) $l = 19$ m, $b = 7$ m (e) $l = 25$ m, $b = 11$ m (f) $l = 31$ m, $b = 16$ m
(g) $l = 7.6$ cm, $b = 1.3$ cm (h) $l = 6.6$ cm, $b = 2.9$ cm (i) $l = 10.2$ cm, $b = 8.4$ cm
(j) $l = 3\frac{1}{2}$ m, $b = 12$ m (k) $l = 5\frac{3}{4}$ m, $b = 1\frac{1}{2}$ m (l) $l = 8\frac{1}{4}$ m, $b = \frac{3}{4}$ m

13 $A = lb$. Dividing each side by l we can show that $b = \frac{A}{l}$. Similarly, $l = \frac{A}{b}$.

Find the missing values for l and b when:

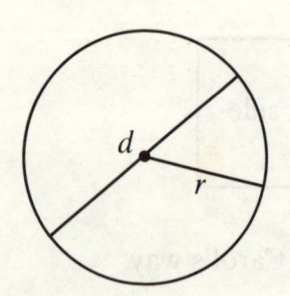

(a) $A = 28$ cm^2, $l = 7$ cm (b) $A = 45$ cm^2, $l = 9$ cm (c) $A = 72$ cm^2, $l = 12$ cm
(d) $A = 5.4$ cm^2, $l = 3$ cm (e) $A = 3.6$ cm^2, $l = 2$ cm (f) $A = 14.4$ cm^2, $l = 9$ cm
(g) $A = 19.6$ cm^2, $b = 4$ cm (h) $A = 82.6$ cm^2, $b = 7$ cm (i) $A = 103.2$ cm^2, $b = 6$ cm

$c = \pi d$ or $2\pi r$ where d is the diameter of a circle, r is the radius of the circle and c is the circumference. π (pi) is approximately $\frac{22}{7}$ or 3.14.

14 Take π as $\frac{22}{7}$. Find the value of c when:

(a) $d = 14$ cm (b) $d = 28$ cm (c) $d = 63$ cm (d) $d = 91$ cm (e) $d = 126$ cm
(f) $d = 1$ cm (g) $d = 4$ cm (h) $d = 3$ cm (i) $d = 10\frac{1}{2}$ cm (j) $d = 17\frac{1}{2}$ cm
(k) $r = 21$ cm (l) $r = 28$ cm (m) $r = 70$ cm (n) $r = 56$ cm (o) $r = 35$ cm

15 Take π as 3.14. Find the value of c when:

(a) $d = 2$ cm (b) $d = 5$ cm (c) $d = 8$ cm (d) $d = 10$ cm (e) $d = 30$ cm
(f) $r = 4$ cm (g) $r = 7$ cm (h) $r = 9$ cm (i) $d = 20$ cm (j) $r = 50$ cm

16 $A = \pi r^2$ where A is the area of a circle and r its radius.
Take π as 3.14. Find A when:

(a) $r = 4$ cm (b) $r = 1$ cm (c) $r = 5$ cm (d) $r = 8$ cm (e) $r = 3$ cm
(f) $r = 10$ cm (g) $r = 100$ cm (h) $r = 20$ cm (i) $r = 12$ cm (j) $r = 25$ cm

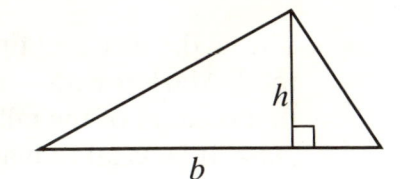

17 The area (A) of a triangle is given by the formula $A = \frac{1}{2} bh$ where b is the base and h the height.

Find A when:

(a) $h = 4$ cm, $b = 8$ cm (b) $h = 10$ cm, $b = 8$ cm (c) $h = 12$ cm, $b = 16$ cm
(d) $h = 6$ cm, $b = 9$ cm (e) $h = 11$ cm, $b = 14$ cm (f) $h = 13$ cm, $b = 8$ cm
(g) $h = 3$ cm, $b = 5$ cm (h) $h = 7$ cm, $b = 11$ cm (i) $h = 9$ cm, $b = 15$ cm.

A DICE RACE

You will need two dice and two friends to play this game with.

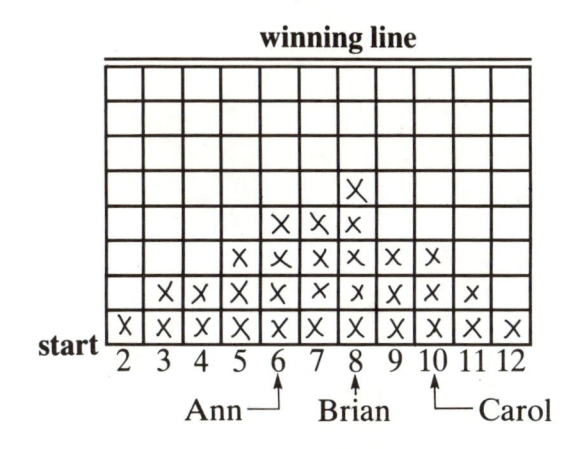

Each player chooses one number for the total on the two dice. The dice are then thrown and the score recorded by marking a cross (×) or by placing counters in the column for the total.
Ann chose 6, Brian 8 and Carol 10 for the total.
Brian is in the lead at the moment.
The first player to cross the winning line is the winner. This requires the chosen number to be thrown *nine* times.

1 Draw the score board. Mark these scores on it and see who is in the lead (Ann, Brian or Carol):

8, 12, 10, 6, 9, 7, 7, 6, 8, 3, 9, 10, 7, 11, 8, 6, 8, 4, 9, 6, 5, 10, 7, 10, 8.

2 Play three games with your two friends.
You must choose different numbers each time, so take it in turn to choose.
If the players are A, B and C you should choose in this order:
First Game A B C. Second Game B C A. Third Game C A B.

3 (a) Which number or numbers do you think it is best to choose? Why?
   (b) Which do you think are the worst to choose? Why?

POSSIBLE SCORES

You need two dice. Copy the tally chart.

Total	Tally chart	Frequency
12		
11		
10		
9		
8		
7		
6		
5		
4		
3		
2		
	108	108

1 Throw the dice and find their total. Mark it with | in the first column of the tally chart. *Note* It is usual to mark 5 as ||||.
Continue for 108 throws, entering them on the tally chart and then finding their frequency.

2 Place your totals in order of frequency, with the greatest first.

3 Copy this chart and fill in all the possible totals. Some have already been done to help you.

First die

Second die

	1	2	3	4	5	6
1	2	3				7
2						
3				6		
4					8	9
5						11
6	7				11	12

110

4 Use the chart in question 3 to make a tally chart of the possible totals.

Total	Tally chart	Frequency	Frequency × 3
12	|	1	3
11	||	2	6
10			
9			
8			
7			
6			
5			
4			
3			
2			
	36	36	108

Multiply the frequencies by 3. Compare the results with those you obtained in question 1.
If the dice are true the results should be near to one another.

CALENDAR CALCULATIONS

Thirty days has September,
April, June and November.
All the rest have thirty-one
excepting February alone.
Leap year comes once in four
gives to February one day more.

1 Example A man born in 1924 died in 1980. This is written as 1924–1980 and his age is taken as 56 years.
Find the ages of these people when they died. Write them in order of age, the oldest first:

111

Alfred the Great (849–899)
Thomas à Becket (1118–1170)
Sir Malcolm Campbell (1885–1949)
Christopher Columbus (1451–1506)
Albert Einstein (1879–1955)
Charles Darwin (1809–1892)
Galileo (1564–1642)
W. G. Grace (1848–1915)
Alexander the Great (356–323 BC)
Aristotle (384–322 BC)
Horatio Nelson (1758–1805)
Sir Isaac Newton (1642–1727)
Napoleon I (1769–1821)

Robert Bruce (1274–1329)
Robert Burns (1759–1796)
Sir Winston Churchill (1874–1965)
Oliver Cromwell (1599–1658)
Sir Francis Drake (1540–1596)
Elizabeth I (1533–1603)
John Constable (1776–1837)
Henry VIII (1491–1547)
Adolf Hitler (1889–1945)
Joan of Arc (1412–1431)
Henry Longfellow (1807–1882)
Mohammed (AD 570–632)

2 The number of days from April 24th to May 2nd is 8 days. From May 11th to May 17th is 6 days. You count only one of the given dates, not both of them.
Find the number of days between these dates:

(a) Jan. 19th and Jan. 30th (b) Feb. 21st and Feb. 28th (c) Oct. 1st and Oct. 10th
(d) June 24th and July 4th (e) July 29th and August 8th
(f) March 25th and May 17th (g) April 20th and June 2nd

3 (a) Which of these are leap years?

1914, 1924, 1936, 1940, 1950, 1954, 1979, 1981, 1990, 1996

(b) How many days is it from Christmas Day 1979 to March 2nd 1980?

4 How many hours is it from:

(a) 23.00 on April 4th to 07.00 on April 6th?
(b) 08.00 on April 9th to 23.30 on April 10th?
(c) mid-day on April 14th to 5 a.m. on April 17th?

5 Calculate the number of seconds in:

(a) 10 minutes (b) 1 hour (c) 1 day (d) 1 week (e) 1 year (365 days)

This is a calendar for July:

Sun.	Mon.	Tues.	Wed.	Thur.	Fri.	Sat.
		1	2	3	4	5
6	7	8	9	10	11	12
13	14	15	16	17	18	19
20	21	22	23	24	25	26
27	28	29	30	31		

6 (a) On what dates are the last two Saturdays of July?
(b) On what dates are the first two Saturdays of August?

7 Look at the numbers in the first column: 6, 13, 20, 27.
Each one differs from the next by the same amount, 7.
Check that this applies to the numbers in the other columns.
Why do they differ by 7?

8 The numbers 1, 9, 17, 25 are on a diagonal from top left to bottom right. Each number differs by 8 from the next.
Complete these diagonal sets and check that the numbers differ by 8:

(a) 6, 14, —, — (b) 7, 15, —, — (c) 2, 10, —, —

Why do they differ by 8?

9 Copy and complete these diagonal numbers from top right to bottom left:

(a) 2, 8, 14, — (b) 3, 9, —, —, — (c) 4, 10, —, —, —

What is the difference between one number and the next?
Explain why they differ in this way.

10 (a) Six numbers are drawn-round to form a rectangle with two rows and three numbers in each row.
Suppose we choose

8	9	10
15	16	17

Multiply the smallest number by 6 (6 × 8 = 48).
Add 27 (48 + 27 = 75).

The sum of the six numbers should be 75. Check by addition.

(b) Choose six other numbers in a rectangle with two rows of three numbers. Repeat the calculation as in (a) and check it by addition.

11 Choose eight numbers in a rectangle with four rows and two numbers in each row.
Multiply the smallest number by 8. Add 88. The result should be the same as adding

6	7
13	14
20	21
27	28

the eight numbers. Check this for other rectangles with four rows and two numbers in each row.

12 Try to explain the results in questions 10 and 11. (Let the smallest number be x and write the others in terms of x.)

PROGRESS CHECK 4

Give all answers in their simplest form.

1. Express as fractions:

   (a) 19%   (b) 24%   (c) 50%   (d) 75%   (e) 38%   (f) $12\frac{1}{2}$%

2. Express as percentages:

   (a) $\frac{17}{100}$ (b) $\frac{83}{100}$ (c) $\frac{31}{50}$ (d) $\frac{19}{50}$ (e) $\frac{13}{25}$ (f) $\frac{7}{20}$ (g) $\frac{3}{10}$ (h) $\frac{3}{5}$

3. Express as percentages:

   (a) 0.31   (b) 0.82   (c) 0.06   (d) 0.137   (e) 0.401

4. There are 1900 pupils in a school. 48% are girls.

   (a) What percentage are boys?   (b) How many girls are there?

5. (a) 67p + 18p   (b) £32 + £99   (c) £1.57 + £3.66   (d) £2.43 + 88p

6. (a) £5.12 + £1.37   (b) £6.83 + £2.25   (c) £4.77 + £3.45   (d) £37.41 + £49.62 + £3.57   (e) £4.78 + £0.94 + £56.23

7. (a) 86p − 27p   (b) £1.80 − 63p   (c) £3.20 − 46p   (d) £9.05 − £3.87

8. (a) £7.49 − £2.15   (b) £6.21 − £3.14   (c) £8.32 − £5.76   (d) £14.44 − £6.79   (e) £52.02 − £28.95

9. (a) £80.21 + £73.40 + £19.86   (b) £18.25 + £76.49 − £32.45
   (c) £92.04 − £13.26 + £8.23   (d) £86.11 − £23.48 − £7.94

10. A girl had £28.30 and bought some shoes costing £16.72. She then earned £11.75. How much money did she then have?

11. (a) 18p × 4   (b) £24 × 8   (c) £1.30 × 7   (d) £4.63 × 12   (e) £9.82 × 15

12. (a) £20.76 × 40   (b) £17.51 × 70   (c) £13.15 × 32   (d) £34.64 × 46   (e) £59.82 × 61   (f) £70.43 × 78

13 (a) $6\overline{)84p}$ (b) $5\overline{)95p}$ (c) $9\overline{)£2.61}$ (d) £11.61 ÷ 3   (e) £80.36 ÷ 7

14 (a) $\dfrac{£57.78}{27}$ (b) $\dfrac{£24.64}{14}$ (c) $\dfrac{£225.33}{37}$ (d) $\dfrac{£175.38}{74}$ (e) $\dfrac{£139.32}{86}$ (f) $\dfrac{£177.45}{91}$

15 How many books can be purchased with £69.12 if each book costs £2.16?

16 (a) Divide 80 in the ratio 2 to 3.
    (b) Some money is shared in the ratio 4 : 3. The smaller share is £27. What is the amount of money that is shared?

17 6 kilograms of apples cost £5.34. What is the cost of 10 kilograms?

18 A woman takes 250 minutes to knit 4 balls of wool. How many minutes will she take to knit 10 balls at the same rate?

19 Find the average or arithmetic mean:

    (a) 4, 10, 13   (b) 9.2, 1.6, 3.8, 4.2   (c) $2\frac{1}{2}, 3\frac{3}{4}, 5\frac{7}{8}, 1\frac{3}{8}$

20 A cyclist travels 17 km in 1 hour and then a further 40 km in the next 2 hours. What is the average speed?

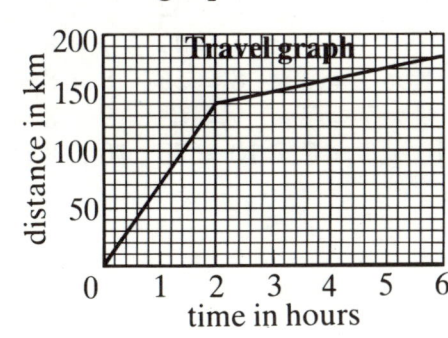

21 (a) What is the total distance travelled in the 6 hours?
    (b) What is the average speed for the whole journey?
    (c) What distance was travelled in the first $1\frac{1}{2}$ hours?
    (d) What was the distance covered after 30 minutes?

22 Ann thought of a number and added $2\frac{3}{4}$ to it. The result was $5\frac{1}{8}$. What number was Ann thinking of?

23 Solve these equations: (a) $p + 11 = 18$ (b) $r - 2\frac{1}{2} = 17$ (c) $2y = 84$

24 $A = lb$. (a) Find A when $l = 2.3$ cm, $b = 1.7$ cm.
           (b) Find l when $A = 10.44$ cm^2, $b = 2.9$ cm.

25 Given that $\pi = 3.14$ and $c = 2\pi r$ find c when $r = 5.2$ cm.

26 How many days is it from May 10th to June 6th?

27 How many seconds are there in 1 hour 6 minutes?

28 How many years are there between the Battle of Hastings (1066) and the Battle of Waterloo (1815)?

Multiplication tables

Tables of 1
0 × 1 = 1 × 0 = 0
1 × 1 = 1 × 1 = 1
2 × 1 = 1 × 2 = 2
3 × 1 = 1 × 3 = 3
4 × 1 = 1 × 4 = 4
5 × 1 = 1 × 5 = 5
6 × 1 = 1 × 6 = 6
7 × 1 = 1 × 7 = 7
8 × 1 = 1 × 8 = 8
9 × 1 = 1 × 9 = 9
10 × 1 = 1 × 10 = 10

Tables of 2
0 × 2 = 2 × 0 = 0
1 × 2 = 2 × 1 = 2
2 × 2 = 2 × 2 = 4
3 × 2 = 2 × 3 = 6
4 × 2 = 2 × 4 = 8
5 × 2 = 2 × 5 = 10
6 × 2 = 2 × 6 = 12
7 × 2 = 2 × 7 = 14
8 × 2 = 2 × 8 = 16
9 × 2 = 2 × 9 = 18
10 × 2 = 2 × 10 = 20

Tables of 3
0 × 3 = 3 × 0 = 0
1 × 3 = 3 × 1 = 3
2 × 3 = 3 × 2 = 6
3 × 3 = 3 × 3 = 9
4 × 3 = 3 × 4 = 12
5 × 3 = 3 × 5 = 15
6 × 3 = 3 × 6 = 18
7 × 3 = 3 × 7 = 21
8 × 3 = 3 × 8 = 24
9 × 3 = 3 × 9 = 27
10 × 3 = 3 × 10 = 30

Tables of 4
0 × 4 = 4 × 0 = 0
1 × 4 = 4 × 1 = 4
2 × 4 = 4 × 2 = 8
3 × 4 = 4 × 3 = 12
4 × 4 = 4 × 4 = 16
5 × 4 = 4 × 5 = 20
6 × 4 = 4 × 6 = 24
7 × 4 = 4 × 7 = 28
8 × 4 = 4 × 8 = 32
9 × 4 = 4 × 9 = 36
10 × 4 = 4 × 10 = 40

Tables of 5
0 × 5 = 5 × 0 = 0
1 × 5 = 5 × 1 = 5
2 × 5 = 5 × 2 = 10
3 × 5 = 5 × 3 = 15
4 × 5 = 5 × 4 = 20
5 × 5 = 5 × 5 = 25
6 × 5 = 5 × 6 = 30
7 × 5 = 5 × 7 = 35
8 × 5 = 5 × 8 = 40
9 × 5 = 5 × 9 = 45
10 × 5 = 5 × 10 = 50

Tables of 6
0 × 6 = 6 × 0 = 0
1 × 6 = 6 × 1 = 6
2 × 6 = 6 × 2 = 12
3 × 6 = 6 × 3 = 18
4 × 6 = 6 × 4 = 24
5 × 6 = 6 × 5 = 30
6 × 6 = 6 × 6 = 36
7 × 6 = 6 × 7 = 42
8 × 6 = 6 × 8 = 48
9 × 6 = 6 × 9 = 54
10 × 6 = 6 × 10 = 60

Tables of 7
0 × 7 = 7 × 0 = 0
1 × 7 = 7 × 1 = 7
2 × 7 = 7 × 2 = 14
3 × 7 = 7 × 3 = 21
4 × 7 = 7 × 4 = 28
5 × 7 = 7 × 5 = 35
6 × 7 = 7 × 6 = 42
7 × 7 = 7 × 7 = 49
8 × 7 = 7 × 8 = 56
9 × 7 = 7 × 9 = 63
10 × 7 = 7 × 10 = 70

Tables of 8
0 × 8 = 8 × 0 = 0
1 × 8 = 8 × 1 = 8
2 × 8 = 8 × 2 = 16
3 × 8 = 8 × 3 = 24
4 × 8 = 8 × 4 = 32
5 × 8 = 8 × 5 = 40
6 × 8 = 8 × 6 = 48
7 × 8 = 8 × 7 = 56
8 × 8 = 8 × 8 = 64
9 × 8 = 8 × 9 = 72
10 × 8 = 8 × 10 = 80

Tables of 9
0 × 9 = 9 × 0 = 0
1 × 9 = 9 × 1 = 9
2 × 9 = 9 × 2 = 18
3 × 9 = 9 × 3 = 27
4 × 9 = 9 × 4 = 36
5 × 9 = 9 × 5 = 45
6 × 9 = 9 × 6 = 54
7 × 9 = 9 × 7 = 63
8 × 9 = 9 × 8 = 72
9 × 9 = 9 × 9 = 81
10 × 9 = 9 × 10 = 90

Tables of 10
0 × 10 = 10 × 0 = 0
1 × 10 = 10 × 1 = 10
2 × 10 = 10 × 2 = 20
3 × 10 = 10 × 3 = 30
4 × 10 = 10 × 4 = 40
5 × 10 = 10 × 5 = 50
6 × 10 = 10 × 6 = 60
7 × 10 = 10 × 7 = 70
8 × 10 = 10 × 8 = 80
9 × 10 = 10 × 9 = 90
10 × 10 = 10 × 10 = 100

ANSWERS

Page 1

1 (table with Th, H, T, U showing dot representations for rows (b)-(g))

2 (b) 2846 (c) 5024 (d) 8138 (e) 3701

3 (table with Th, H, T, U showing dot representations for rows (a)-(e))

4 (a) 1378 One thousand three hundred and seventy-eight.
(b) 4193 Four thousand one hundred and ninety-three. (c) 8624 Eight thousand six hundred and twenty-four.
(d) 6109 Six thousand one hundred and nine. (e) 5037 Five thousand and thirty-seven.
(f) 8006 Eight thousand and six.

Page 2

5 (b) Hundreds (c) Units (d) Thousands (e) Thousands (f) Ten thousands (g) Thousands (h) Tens
(i) Ten thousands (j) Hundreds

6
(b) Ninety-five	95	9 tens 5 units	90 + 5	
(c) Two hundred and eighty-one	281	2 hundreds 8 tens 1 unit	200 + 80 + 1	
(d) Four hundred and seventy-six	476	4 hundreds 7 tens 6 units	400 + 70 + 6	
(e) Nine hundred and sixty-eight	968	9 hundreds 6 tens 8 units	900 + 60 + 8	
(f) One hundred and seven	107	1 hundred 0 tens 7 units	100 + 7	

7 (a) 4732, 4 thousands 7 hundreds 3 tens 2 units. 4000 + 700 + 30 + 2
(b) 9107, 9 thousands 1 hundred 0 tens 7 units. 9000 + 100 + 7
(c) 6054, 6 thousands 0 hundreds 5 tens 4 units. 6000 + 50 + 4
(d) 12 385, 12 thousands 3 hundreds 8 tens 5 units. 12 000 + 300 + 80 + 5
(e) 36 819, 36 thousands 8 hundreds 1 ten 9 units. 36 000 + 800 + 10 + 9
(f) 80 007, 80 thousands 0 hundreds 0 tens 7 units. 80 000 + 7

8 (a) 30 (b) 400 (c) 2000 (d) 26 (e) 108 (f) 1009 (g) 110 (h) 230 (i) 410 (j) 2100 (k) 1200 (l) 1030
(m) 225 (n) 129 (o) 312 (p) 2124 (q) 2345

9 (diagrams with squares, triangles and crosses for (a)–(m))

117

Page 3

10 (a) A = 3000 B = 100 C = 50 D = 8 **(b) (i)** 108 **(ii)** 3100 **(iii)** 158 **11 (a) (i)** 3100 **(ii)** 57 **(iii)** 8300 **(iv)** 39 300 **(b) (i)** 4900 **(ii)** 40 700 **(iii)** 763 **12 (a)** 10 **(b)** 100 **(c)** 1000 **(d)** 10 **(e)** 1000 **(f)** 100 **(g)** 10 000 **(h)** 10 **(i)** 100 **13 (a)** A **(b)** B **(c)** B **(d)** B **(e)** C **(f)** C **(g)** D **(h)** E **(i)** E **(j)** E

15 In the 100's box. There is one chance (9) that the fourth number will be greater than 7, but six chances (0, 1, 2, 3, 4, 5) that it will be less than 7.

Page 4

1 (a) 68 **(b)** 88 **(c)** 77 **(d)** 577 **(e)** 988 **(f)** 92 **(g)** 95 **(h)** 72 **(i)** 191 **(j)** 190 **(k)** 232 **(l)** 344 **(m)** 810 **(n)** 885 **(o)** 961 **2** The vertical form. **3 (a)** 823 **(b)** 837 **(c)** 515 **(d)** 1228 **(e)** 1402 **(f)** 1171 **(g)** 1411 **(h)** 628 **(i)** 1676 **(j)** 1001 **(k)** 1491 **(l)** 893 **(m)** 2558 **(n)** 11 417 **(o)** 12 522 **(p)** 13 404 **(q)** 4478 **(r)** 9088 **(s)** 10 357

4 (a)

+	34	19	
45	79	64	143
27	61	46	107
	140	110	250

(b)

+	67	8	
25	92	33	125
30	97	38	135
	189	71	260

(c)

+	46	64	
16	62	80	142
53	99	117	216
	161	197	358

(d)

+	86	14	
9	95	23	118
35	121	49	170
	216	72	288

(e)

+	28	79	
15	43	94	137
93	121	172	293
	164	266	430

(f)

+	99	77	
11	110	88	198
44	143	121	264
	253	209	462

Page 5

1 (a) 225 **(b)** 217 **2 (a) (i)** 253 **(ii)** 205 **(iii)** 224 **(iv)** 174 **(v)** 231 **(b) (i)** 320 **(ii)** 290 **(iii)** 292 **(iv)** 225 **3** Brian 88 **4 (a)** 90 **(b)** H

Page 6

5

Total score	First throw score	letter	Second throw score	letter	Third throw score	letter
193	68	G	49	O	76	V
228	97	P	78	C	53	L
147	55	W	45	N	47	K
214	57	T	71	M	86	D
198	48	A	87	X	63	B
168	45	N	49	O	74	J
259	97	P	78	C	84	S
257	71	M	100	I	86	D
212	70	R	97	P	45	N
244	82	E	82	E	80	Q
175	57	T	57	T	61	F
227	47	K	90	H	90	H
176	53	L	70	R	53	L
207	68	G	71	M	68	G

1 (a) 62 **(b)** 66 **(c)** 561 **(d)** 350 **(e)** 613 **(f)** 38 **(g)** 33 **(h)** 465 **(i)** 322 **(j)** 550 **(k)** 189 **(l)** 366 **(m)** 669 **(n)** 86 **(o)** 558

Page 7

2 The vertical form. **3 (a)** 41 **(b)** 28 **(c)** 264 **(d)** 486 **(e)** 60 **(f)** 353 **(g)** 484 **(h)** 728 **(i)** 307 **(j)** 640 **(k)** 248 **(l)** 45 **(m)** 538 **(n)** 347 **(o)** 77 **(p)** 2319 **(q)** 3660 **(r)** 799 **(s)** 1725 **(t)** 3048 **(u)** 33 956 **(v)** 27 102
4 (a) 86 **(b)** 203 **(c)** 229 **(d)** 299 **(e)** 447 **(f)** 469 **(g)** 2251 **(h)** 5732 **(i)** 3266 **(j)** 61 406 **(k)** 503 **(l)** 35 429

5	312	416	480	625	843	1000	1204	1700
7	305	409	473	618	836	993	1197	1693
42	270	374	438	583	801	958	1162	1658
50	262	366	430	575	793	950	1154	1650
98	214	318	382	527	745	902	1106	1602
200	112	216	280	425	643	800	1004	1500

Page 8

1 Across 1 59 **3** 86 **5** 43 **7** 147 **9** 61 **10** 2103 **13** 417 **14** 69 **16** 107 **17** 714 **19** 63 **21** 28 **22** 2268 **25** 33 **26** 1036 **Down 1** 518 **2** 94 **4** 640 **5** 46 **6** 312 **8** 7210 **11** 177 **12** 367 **13** 413 **15** 912 **18** 483 **19** 643 **20** 360 **23** 21 **24** 83 **2 Across 1** 71 **3** 94 **5** 65 **7** 438 **9** 23 **10** 1538 **13** 506 **14** 91 **16** 302 **17** 253 **19** 80 **21** 64 **22** 1741 **25** 43 **26** 1830 **Down 1** 745 **2** 13 **4** 413 **5** 62 **6** 537 **8** 8100 **11** 562 **12** 892 **13** 530 **15** 156 **18** 345 **19** 874 **20** 248 **23** 71 **24** 13

Page 9

1 (a) 47 + 32 = 79 **(b)** 73 + 22 = 95 **(c)** 41 + 14 = 55 **(d)** 56 + 20 = 76 **(e)** 29 + 32 = 61 **(f)** 26 + 54 = 80 **(g)** 45 + 47 = 92

2 (a) 46 + 47 = 93 **(b)** 53 + 27 = 80 **(c)** 39 + 37 = 76 **(d)** 21 + 34 = 55 **(e)** 67 + 25 = 92 **(f)** 49 + 13 = 62 **(g)** 12 + 48 = 60

3 (a) 76 − 21 = 55 **(b)** 25 − 14 = 11 **(c)** 37 − 25 = 12 **(d)** 67 − 42 = 25 **(e)** 48 − 34 = 14 **(f)** 72 − 22 = 50 **(g)** 82 − 20 = 62

4 (a) 83 − 29 = 54 **(b)** 40 − 12 = 28 **(c)** 74 − 46 = 28 **(d)** 91 − 44 = 47 **(e)** 50 − 14 = 36 **(f)** 62 − 45 = 17 **(g)** 81 − 61 = 20

5 (a) 219 + 549 = 768 **(b)** 183 + 429 = 612 **(c)** 382 + 344 = 726 **(d)** 500 − 136 = 364 **(e)** 412 − 107 = 305 **(f)** 915 − 368 = 547 **(g)** 816 − 429 = 387

6 (a) 24 + 15 = 39 **(b)** 83 + 18 = 101 **(c)** 15 + 34 = 49 **(d)** 23 + 41 = 64

Page 10

7 (a) 60 − 49 = 11 **(b)** 41 − 15 = 26 **(c)** 39 − 26 = 13 **(d)** 50 − 27 = 23
8 32 is added to 14 and the answer is 46. **9** 461 is added to 159 and the answer is 620.
10 194 is subtracted from 386 and the answer is 192. **11** 121 is subtracted from 440 and the answer is 319.
12 (a) + **(b)** − **(c)** − + **(d)** − + **(e)** + − **(f)** − + **(g)** − − **(h)** + + **(i)** − + **13** 65 **14** 67 **15** 345 **16** 1733 **17 (a)** £85 **(b)** £855 **18 (a)** 3044 **(b)** 543 **(c)** 156 **19 (a)** 99 **(b)** 149 **20 (a)** 3068 **(b)** 568

Page 11

21 (a) £373 **(b)** £325 **(c)** £2234 **22 (a)** 2873 **(b)** Decreased by 169 **1** 2830 **2** 2320 **3** 480
4 1000, 500, 100, 10, 10 **5 (a)** 1000, 100, 100 **(b)** 500, 100

Page 12

6 (a) 2000 **(b)** 2500 **(c)** 2600 **(d)** 2700 **(e)** 2750 **(f)** 2800 **(g)** 2810 **(h)** 2820 **7** 230 **8** 4340
9 2300, 1100, 240 **10 (a)** $6x$ **(b)** Ann 400, Brian 800, Carol 1200 **11** Ann 1000 Brian 1100 Carol 900

1

Six fours	6×4	$4+4+4+4+4+4=24$
Seven fours	7×4	$4+4+4+4+4+4+4=28$
Eight fours	8×4	$4+4+4+4+4+4+4+4=32$
Nine fours	9×4	$4+4+4+4+4+4+4+4+4=36$
Ten fours	10×4	$4+4+4+4+4+4+4+4+4+4=40$

2

One three	1×3	3
Two threes	2×3	$3+3=6$
Three threes	3×3	$3+3+3=9$
Four threes	4×3	$3+3+3+3=12$
Five threes	5×3	$3+3+3+3+3=15$
Six threes	6×3	$3+3+3+3+3+3=18$
Seven threes	7×3	$3+3+3+3+3+3+3=21$
Eight threes	8×3	$3+3+3+3+3+3+3+3=24$
Nine threes	9×3	$3+3+3+3+3+3+3+3+3=27$
Ten threes	10×3	$3+3+3+3+3+3+3+3+3+3=30$

One five	1×5	5
Two fives	2×5	$5+5=10$
Three fives	3×5	$5+5+5=15$
Four fives	4×5	$5+5+5+5=20$
Five fives	5×5	$5+5+5+5+5=25$
Six fives	6×5	$5+5+5+5+5+5=30$
Seven fives	7×5	$5+5+5+5+5+5+5=35$
Eight fives	8×5	$5+5+5+5+5+5+5+5=40$
Nine fives	9×5	$5+5+5+5+5+5+5+5+5=45$
Ten fives	10×5	$5+5+5+5+5+5+5+5+5+5=50$

One seven	1×7	7
Two sevens	2×7	$7+7=14$
Three sevens	3×7	$7+7+7=21$
Four sevens	4×7	$7+7+7+7=28$
Five sevens	5×7	$7+7+7+7+7=35$
Six sevens	6×7	$7+7+7+7+7+7=42$
Seven sevens	7×7	$7+7+7+7+7+7+7=49$
Eight sevens	8×7	$7+7+7+7+7+7+7+7=56$
Nine sevens	9×7	$7+7+7+7+7+7+7+7+7=63$
Ten sevens	10×7	$7+7+7+7+7+7+7+7+7+7=70$

Page 13

4 (a)

×	8	10	3
2	16	20	6
4	32	40	12
5	40	50	15

(b)

×	5	1	7
6	30	6	42
9	45	9	63
4	20	4	28

(c)

×	6	2	0
10	60	20	0
3	18	6	0
1	6	2	0

(d)

×	4	9	2
7	28	63	14
2	8	18	4
0	0	0	0

Page 14

(e)

×	8	0	5
8	64	0	40
0	0	0	0
5	40	0	25

(f)

×	3	5	9
1	3	5	9
2	6	10	18
10	30	50	90

(g)

×	7	9	6
7	49	63	42
3	21	27	18
1	7	9	6

(h)

×	2	4	0
6	12	24	0
5	10	20	0
4	8	16	0

(i)

×	5	3	6
5	25	15	30
3	15	9	18
6	30	18	36

5 and 6

1	2	3	4	5	6	7	8	9	10
11	12	13	14	15	16	17	18	19	20
21	22	23	24	25	26	27	28	29	30
31	32	33	34	35	36	37	38	39	40
41	42	43	44	45	46	47	48	49	50
51	52	53	54	55	56	57	58	59	60
61	62	63	64	65	66	67	68	69	70
71	72	73	74	75	76	77	78	79	80
81	82	83	84	85	86	87	88	89	90
91	92	93	94	95	96	97	98	99	100

7 (a) 25 **(b)** 12 **(c)** 4, 12, 20, 28, 36, 44, 52, 60, 68, 76, 84, 92, 100 **(d)** No.
8 (a) 3, 6, 9, 12, 15, 18, 21, 24, 27, 30, 33, 36, 39, 42, 45, 48, 51, 54, 57, 60, 63, 66, 69, 72, 75, 78, 81, 84, 87, 90, 93, 96, 99 **(b)** 5, 10, 15, 20, 25, 30, 35, 40, 45, 50, 55, 60, 65, 70, 75, 80, 85, 90, 95, 100 **(c)** 15, 30, 45, 60, 75, 90

Page 15

9

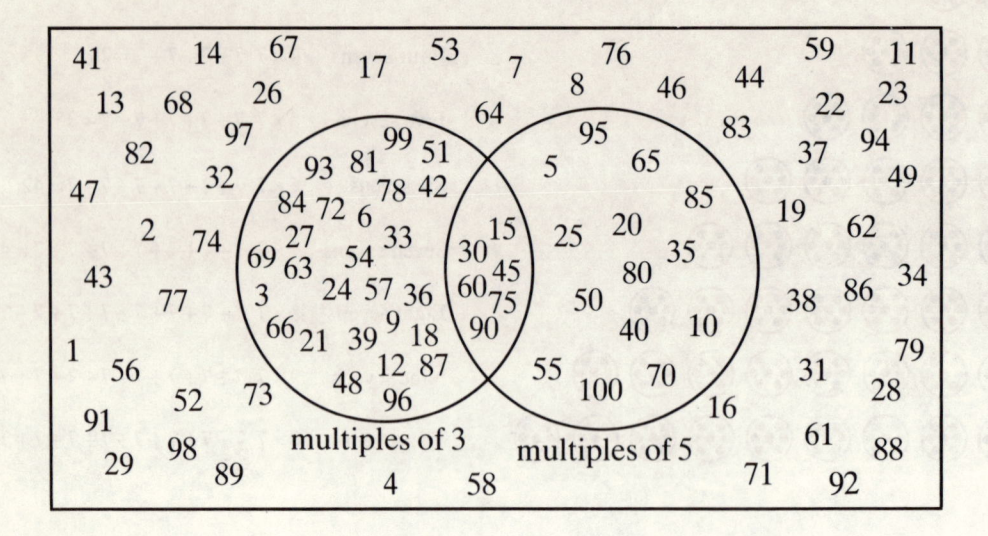

10 (a) 18, 36, 54, 72, 90

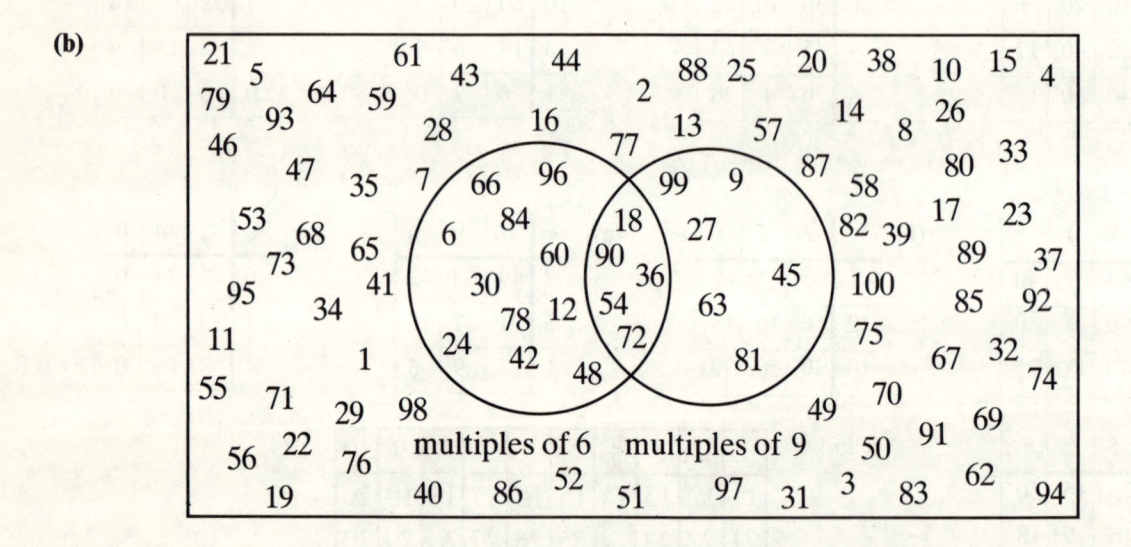

(b)

Page 16

12

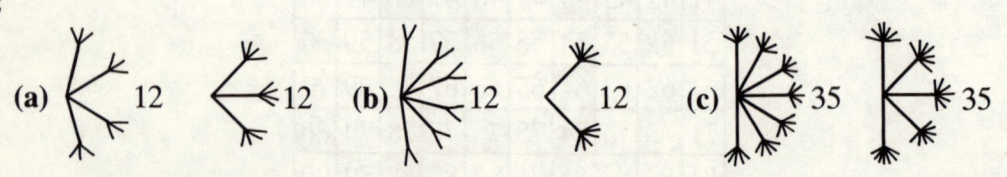

14 (a) 350 270 120 320 70 250 540 120 240 **(b)** 140 360 450 70 640 60 240 180 50 **(c)** 5 8 6 30 20
15 240 270 180 400 60 40 420 90 120 490 30 160 240 90 200 240

Page 17

16 390, 432, 184, 390, 124, 747, 97, 280, 54, 265, 234, 259, 152, 135, 72, 504, 161, 245, 225, 656, 384, 53, 192
17 730, 2037, 2250, 3492
18 1324, 5112, 5872, 459, 1485, 2688, 756, 4750, 3480, 6080, 1920, 1206, 4509, 2842, 4000, 1200

Page 18

19	Number of layers	1	2	3	4	5	6	7	8	9	10	11	12	13	14	15
	Total number of cubes	6	12	18	24	30	36	42	48	54	60	66	72	78	84	90

20 (a) 120 120 168 168 18 18 **(b)** 96 315 96 150 72 126 128 36 0
21 Multiply the digits that are not zero, then multiply by 100. 800 2400 4500 4200 2400

Page 19

22 972, 2584, 5208, 845, 8277, 1850, 2378, 1817, 6080, 1488, 1820, 2548, 2208, 1443, 3071, 4104, 1638, 8556, 3108, 2275, 2728, 5848 **23** 11 136, 27 885, 47 124, 4446, 36 018, 456 033, 499 548, 340 585, 19 346, 51 377, 61 350, 60 852, 13 392, 36 162, 376 488 **24** 275 482, 418 887, 268 470, 647 472, 388 614, 298 980, 2 730 000, 856 240, 2 709 820, 2 806 506, 3 616 408, 7 771 480

Page 20

25 (a)

×	10	9
6	60	54
5	50	45

114 + 95 = 110 + 99 = (209)

60 × 45 = 2400 + 300 = 2700
54 × 50 = 2700

$6 + 5 = 11$ $10 + 9 = 19$
$11 × 19 = 209$

(b)

×	2	4
5	10	20
9	18	36

30 + 54 = 28 + 56 = (84)

×	5	6
3	15	18
8	40	48

33 + 88 = 55 + 66 = (121)

×	8	9
1	8	9
8	64	72

17 + 136 = 72 + 81 = (153)

×	3	7
4	12	28
7	21	49

40 + 70 = 33 + 77 = (110)

$10 × 36 = 360$
$20 × 18 = 360$
$5 + 9 = 14$
$2 + 4 = 6$
$14 × 6 = 84$

$15 × 48 = 720$
$18 × 40 = 720$
$3 + 8 = 11$
$5 + 6 = 11$
$11 × 11 = 121$

$8 × 72 = 576$
$9 × 64 = 576$
$1 + 8 = 9$
$8 + 9 = 17$
$9 × 17 = 153$

$12 × 49 = 588$
$28 × 21 = 588$
$4 + 7 = 11$
$3 + 7 = 10$
$11 × 10 = 110$

Page 21

1 5 **2** 5 **3** 8 **4** 6 **5 (a)** 8 **(b)** 10 **(c)** 4 **(d)** 4 **(e)** 9 **(f)** 7 **(g)** 8 **(h)** 9 **6 (a)** 6 **(b)** 10 **(c)** 8 **(d)** 7 **(e)** 6 **(f)** 3 **7 (a)** 43 **(b)** 13 **(c)** 14 **(d)** 21 **(e)** 28 **(f)** 17 **(g)** 24 **(h)** 23 **8 (a)** 23 **(b)** 56 **(c)** 19 **(d)** 24 **(e)** 33 **(f)** 19 **(g)** 158 **(h)** 42 **(i)** 54 **(j)** 219 **(k)** 42 **(l)** 67 **9 (a)** 154 **(b)** 404 **(c)** 353 **(d)** 1672 **(e)** 344 **10 (a)** 1386 **(b)** 736 **(c)** 994 **(d)** 652 **(e)** 3804 **(f)** 1384 **11** 882 **12** 919 **13 (a)** 1579 **(b)** 775 **14 (a)** 5 r1 **(b)** 9 r1 **(c)** 5 r2 **(d)** 11 r5 **(e)** 18 r4 **(f)** 76 r2 **(g)** 52 r1 **(h)** 79 r3 **(i)** 71 r3 **(j)** 56 r3 **(k)** 360 r1 **(l)** 133 r5 **(m)** 45 r7

Page 22

15 (a) $16\frac{5}{6}$ **(b)** $43\frac{1}{2}$ **(c)** $61\frac{1}{3}$ **(d)** $31\frac{1}{9}$ **(e)** $92\frac{3}{4}$ **(f)** $32\frac{3}{8}$ **(g)** $124\frac{3}{5}$ **(h)** $68\frac{6}{7}$ **(i)** $488\frac{2}{7}$ **(j)** $265\frac{1}{9}$ **(k)** $654\frac{2}{3}$ **(l)** $659\frac{4}{7}$ **(m)** $967\frac{5}{6}$ **16 (a)** 80 **(b)** 41 r1 **(c)** 31 **(d)** 108 **(e)** 143 r4 **(f)** 272 r1 **(g)** 163 r6 **(h)** 766 r3 **(i)** 1848 r2 **(j)** 1449 **(k)** 666 r4 **(l)** 446 r1

17 (a)
```
         2⎫
        10⎬212
       200⎭
    _____
 43)9124
    8600
    ────
     524
     430
    ────
      94
      86
    ────
       8
```
Answer 212, r8.

(b)
```
         4⎫
        30⎬34
    _____
 62)2149
    1860
    ────
     289
     248
    ────
      41
```
Answer 34, r41.

(c)
```
        50⎫
       700⎬750
    _____
 75)56 304
    52 500
    ──────
     3804
     3750
    ─────
       54
```
Answer 750, r54.

18 (a) 31 r3 **(b)** 56 r1 **(c)** 35 r6 **(d)** 44 r11 **(e)** 49 r8 **(f)** 41 **(g)** 26 r4 **(h)** 15 r9 **(i)** 16 r36 **(j)** 13 r16 **(k)** 176 r36 **(l)** 114 r45 **(m)** 137 r28 **(n)** 145 r23 **(o)** 128 r49 **(p)** 314 r38 **(q)** 192 r47 **(r)** 770 r59 **(s)** 167 r17

Page 23

19 (a) $9 \times 7 = 63$, $63 \div 9 = 7$, $63 \div 7 = 9$ **(b)** $10 \times 6 = 60$, $60 \div 10 = 6$, $60 \div 6 = 10$
(c) $12 \times 8 = 96$, $96 \div 12 = 8$, $96 \div 8 = 12$ **(d)** $20 \times 10 = 200$, $200 \div 20 = 10$, $200 \div 10 = 20$
(e) $30 \times 20 = 600$, $600 \div 30 = 20$, $600 \div 20 = 30$ **(f)** $14 \times 16 = 224$, $224 \div 14 = 16$, $224 \div 16 = 14$
(g) $15 \times 22 = 330$, $330 \div 15 = 22$, $330 \div 22 = 15$ **(h)** $73 \times 9 = 657$, $657 \div 9 = 73$, $657 \div 73 = 9$
(i) $50 \times 36 = 1800$, $1800 \div 50 = 36$, $1800 \div 36 = 50$ **20 (a)** $5 \times 9 = 45$, $45 \div 9 = 5$, $45 \div 5 = 9$
(b) $7 \times 6 = 42$, $42 \div 6 = 7$, $42 \div 7 = 6$ **(c)** $9 \times 10 = 90$, $90 \div 9 = 10$, $90 \div 10 = 9$
(d) $14 \times 3 = 42$, $42 \div 14 = 3$, $42 \div 3 = 14$ **(e)** $7 \times 18 = 126$, $126 \div 7 = 18$, $126 \div 18 = 7$
(f) $30 \times 18 = 540$, $540 \div 18 = 30$, $540 \div 30 = 18$ **(g)** $12 \times 26 = 312$, $312 \div 26 = 12$, $312 \div 12 = 26$
(h) $45 \times 19 = 855$, $855 \div 45 = 19$, $855 \div 19 = 45$

21

A	20	19	7	30	20	25	26	75	83	42	16	38	29
B	12	8	11	12	10	5	13	24	37	54	83	27	44
A × B	240	152	77	360	200	125	338	1800	3071	2268	1328	1026	1276

22 (a)

×	6	9
4	24	36
5	30	45

(b)

×	10	11
7	70	77
9	90	99

(c)

×	30	45
5	150	225
3	90	135

(d)

×	6	8
24	144	192
31	186	248

(e)

×	6	8
7	42	56
9	54	72

(f)

×	17	23
8	136	184
11	187	253

(g)

×	4	6
5	20	30
7	28	42

(h)

×	7	8
2	14	16
3	21	24

23 76 **24** 167 **25** 36 **26** 9 min 28 sec **27** 166 bags, 16 left over. **28** 64, 3 **29** 453, 8

Page 24

1 Across 1 496 **4** 17 **6** 203 **7** 83 **8** 629 **10** 57 **12** 62 **13** 42 **14** 345 **17** 315 **19** 50 **20** 79 **21** 634 **22** 46 **23** 72 **Down 1** 428 **2** 90 **3** 636 **4** 149 **5** 237 **7** 852 **9** 213 **11** 821 **12** 65 **13** 436 **15** 48 **16** 104 **18** 576 **19** 53 **21** 62 **2 Across 1** 137 **4** 25 **6** 408 **7** 19 **8** 126 **10** 43 **12** 85 **13** 41 **14** 397 **17** 263 **19** 91 **20** 46 **21** 207 **22** 55 **23** 76 **Down 1** 143 **2** 30 **3** 781 **4** 276 **5** 293 **7** 145 **9** 203 **11** 316 **12** 87 **13** 422 **15** 98 **16** 417 **18** 345 **19** 90 **21** 26

Page 25

1 (a) No **(b)** No **(c)** Yes **(d)** No **(e)** No **(f)** Yes **(g)** Yes **(h)** No **(i)** Yes **(j)** No **(k)** Yes **(l)** No **(m)** No
2 (a) Yes **(b)** No **(c)** Yes **(d)** No **(e)** Yes **(f)** No **(g)** No **(h)** No **(i)** No **(j)** Yes **(k)** No **(l)** No **(m)** No
3 (a) No **(b)** No **(c)** No **(d)** Yes **(e)** Yes **(f)** Yes **(g)** No **(h)** No **(i)** No **(j)** No **(k)** No **(l)** Yes **(m)** No
4 (a) No **(b)** No **(c)** No **(d)** No **(e)** No **(f)** No **(g)** Yes **(h)** Yes **(i)** No **(j)** No **(k)** No **(l)** Yes **(m)** Yes

Page 26

5 (a) Yes **(b)** No **(c)** No **(d)** Yes **(e)** No **(f)** No **(g)** Yes **(h)** No **(i)** No **(j)** Yes **(k)** No **(l)** No
6 (a), (c), (e), (h) **7** (a), (b), (d), (f), (h), (k), (l), (m) **8** (b), (f), (h), (k) **9** (a), (c), (d), (g), (i), (j), (k)
10 They are divisible as follows **(a)** 11 **(b)** 7, 11 **(c)** 11, 13 **(d)** 7 **(e)** 7, 11, 13 **(f)** 7, 11, 13 **(g)** 11, 13
(h) 7, 13 **(i)** 7, 11 **11** Divisible as follows **(a)** 2, 3, 4, 5, 6, 8, 10, 12 **(b)** 3, 9 **(c)** 7 **(d)** 2, 3, 4, 6, 9, 12
(e) None **(f)** 2, 13

Page 27

1 (a) 11, 3, 9, 1 **(b)** 6, 4, 12
2 (a) 5 **(b)** 5 **(c)** 50 **(d)** 50

Page 28

3 (a) 33, 147, 99, 615, 71, 693, 987, 111, 743, 627, 235, 19, 355, 777
(b) 12, 282, 164, 770, 646, 438, 62, 500, 330, 814, 906, 558
6 Even, Even, Even, Odd, Odd, Odd, Even, Odd, Odd, Odd,
Even, Odd, Even, Odd, Even, Even, Odd, Even, Even, Odd,
Even, Odd, Even, Odd, Even, Odd, Even
7 (a) 26, 54, 62, 94, 170, 182, 118, 294, 478, 622, 1310, 4634, 13 690
(b) 68, 124, 176, 140, 112, 40, 192, 424, 1248, 1436, 1864, 13 460, 2708 **(c)** If you double a number it can be halved to give the same number $\left(\frac{2 \times n}{2} = n\right)$

Page 29

8 (a) 9, 19, 61, 297, 207, 195, 455, 433, 209, 723 It always works. **(b)** It always works.
9 (a) 30, 24, 116, 242, 78, 476, 84, 182, 528, 84 It always works **(b)** It always works **10.** Yes.

Page 30

1 (a) 765 or 675 **(b)** 576 or 756 **(c)** 675, 765, 567, 657 **2 (a)** 576, 567, 675, 657, 765, 756 **(c)** Yes.
(d) 567, 756 **3 (a)** 3996

Page 31

1 (i) 1850 **(ii)** 4758 **(iii)** 189 **(iv)** 858 **(v)** 646 **(vi)** 1144 **(vii)** 38 **(viii)** 78 **(ix)** 253
(x) 47 JAMES HERRIOT **2 (i)** 2346 **(ii)** 1864 **(iii)** 16 **(iv)** 8418 **(v)** 17 **(vi)** 279 **(vii)** 119
(viii) 229 MARGARET THATCHER **3 (i)** 525 **(ii)** 1919 **(iii)** 544 **(iv)** 20 **(v)** 126 **(vi)** 217 **(vii)** 2160
(viii) 25 **(ix)** 5256 **(x)** 19 **(xi)** 57 QUEEN ELIZABETH **4 (i)** 24 **(ii)** 2025 **(iii)** 311 **(iv)** 77 **(v)** 53 **(vi)** 69
(vii) 84 **(viii)** 678 **(ix)** 8 ALFRED THE GREAT.

Page 32

1 (a) 1205 **(b)** One thousand two hundred and five **2** 40 000 **3 (a)** 3154 **(b)** ☐☐☐☐☐×××××××

4 (a) 8020 **(b)** 2000 **(c)** 1200 **(d)** 44 000 **5 (a)** A **(b)** E **(c)** B **(d)** A **6 (a)** 873, 783, 387, 837 **(b)** 378, 738
(c) 378, 738 **7 (a)** 189 **(b)** 1193 **(c)** 4865

8 (a)

+	9	25
16	25	41
21	30	46

(b)

−	29	37
76	47	39
45	16	8

9 (a) 255 **(b)** 133 **(c)** 122 **10 (a)** 8066 **(b)** 4446
11 (a) 38   **(b)** 195   **(c)** 621   **(d)** 636
      +14   +137   −247   −146
      ___   ____   ____   ____
       52   332   374   490

Page 33

12 (a) − **(b)** −, + **(c)** ×, − **13** 62
14 559 **15** 1942 **16 (a)** 603 **(b)** 498 **(c)** 3444 **(d)** 672 **(e)** 1976 **(f)** 1288 **(g)** 6586 **(h)** 12 852 **(i)** 32 742
17 (a) 28 **(b)** 29 **(c)** 49 **(d)** 19 **(e)** 28 **(f)** 81 r17 **(g)** 69 r17 **(h)** 153 r2 **(i)** 106 r68 **(j)** 56 r4
18 (a) 177 **(b)** 5 **19** 552 **20** 73, 101, 379 **21** Divide the number formed by the last two digits by 4.
22 (a) 3815 **(b)** The sum of the digits (17) is not divisible by 9.

23 (a)

×	2	4	
7	14	28	42
5	10	20	30
	24	48	(72)

(b)

×	3	5	
9	27	45	72
10	30	50	80
	57	95	(152)

(c)

×	6	8	
13	78	104	182
17	102	136	238
	180	240	(420)

Page 34

1 (a) 8 **(b)** 10 **(c)** 3 **(d)** 11 **(e)** 15 **(f)** 5 **(g)** 20 **(h)** 18 **(i)** 14 **(j)** 15 **(k)** 31 **(l)** 100
2 (a) (i) 12 (ii) 3 (iii) 6 **(b)** 1, 2, 3, 4, 6, 12 **3 (a)** (i) 24 (ii) 12 (iii) 8 (iv) 6 **(b)** 1, 2, 3, 4, 6, 8, 12, 24

4 (a) 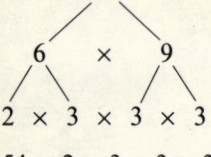
```
          54
         /  \
        6  ×  9
       /\    /\
      2×3  3×3
54 = 2 × 3 × 3 × 3
```

(b) 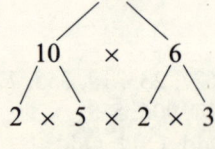
```
          60
         /  \
        10 × 6
       /\   /\
      2×5 2×3
60 = 2 × 5 × 2 × 3
```

(c) 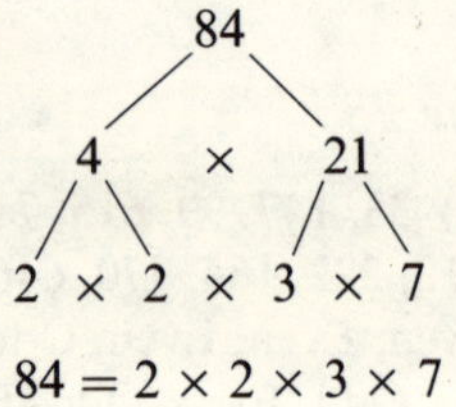
```
          84
         /  \
        4  × 21
       /\    /\
      2×2  3×7
84 = 2 × 2 × 3 × 7
```

(d) 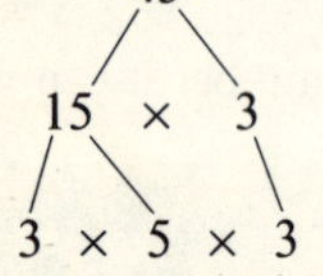
```
       45
      /  \
     15 × 3
    /\
   3×5 × 3
45 = 3 × 5 × 3
```

(e) 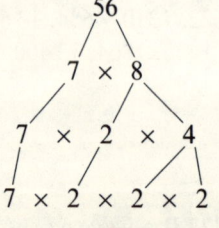
```
       56
      /  \
     7  × 8
         /\
    7 × 2 × 4
         /\
    7 × 2 × 2 × 2
56 = 7 × 2 × 2 × 2
```

(f) 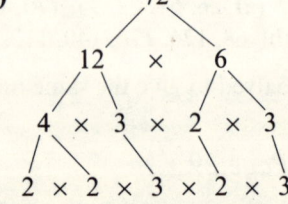
```
         72
        /  \
       12 × 6
      /\    /\
     4×3  2×3
    /\
   2×2 × 3 × 2 × 3
72 = 2 × 2 × 3 × 2 × 3
```

Page 35

5 (a) 1, 2, 5, 10 **(b)** 1, 2, 4, 8 **(c)** 1, 3, 5, 15 **(d)** 1, 17 **(e)** 1, 2, 4, 5, 10, 20 **(f)** 1, 2, 11, 22 **(g)** 1, 5, 25
(h) 1, 2, 3, 5, 6, 10, 15, 30 **(i)** 1, 5, 7, 35 **6** 1, 2, 5, 8, 10, 20, 40, 80
7 (a) 2 × 2 × 3 **(b)** 3 × 3 × 3 **(c)** 2 × 19 **(d)** 2 × 3 × 7 **(e)** 2 × 3 × 13 **(f)** 2 × 2 × 13
(g) 2 × 2 × 2 × 2 × 2 × 3 **(h)** 5 × 13 **8 (a)** 2 × 7 **(b)** 2 × 2 × 2 × 2 × 2 **(c)** 2 × 2 × 2 × 5 **(d)** 3 × 3 × 5
(e) 5 × 11 **(f)** 2 × 2 × 19 **(g)** 2 × 2 × 2 × 11 **(h)** 2 × 3 × 3 × 5 **(i)** 2 × 2 × 5 × 5 **9 (a)** 1, 3 **(b)** 1, 2, 4
(c) 1, 2, 3, 6 **(d)** 1, 3, 5 **(e)** 1, 2, 4, 5, 10, 20 **(f)** 1, 2, 4, 8 **(g)** 1, 5 **(h)** 1, 2, 3, 6, 12 **(i)** 1, 17 **(j)** 1, 19
(k) 1, 2, 3, 6, 9 **(l)** 1, 2, 3, 4, 6, 9, 12, 18 **10 (a)** 6 **(b)** 20 **(c)** 7 **(d)** 22 **(e)** 25 **(f)** 16 **(g)** 5 **(h)** 12 **(i)** 17
(j) 19 **(k)** 18 **(l)** 36 **11 (a)** (i) 2 × 3 (ii) 3 (iii) 2 **(b)** (i) 2 × 3 (ii) 2 × 7 × 7 (iii) 5
12 (a) 8, 10, 12, 15, 16, 20, 24, 30, 40, 48, 60, 80, 120, 240 **(b)** 8, 10, 12, 15, 20, 24, 30, 48, 60, 120
(c) 2 rows of cabbages and 3 rows of lettuce.

Page 36

1 2, 11, 17, 37, 43, 61, 97 **2** The following numbers should remain 2, 3, 5, 7, 11, 13, 17, 19, 23, 29, 31, 37, 41, 43, 47, 53, 59, 61, 67, 71, 73, 79, 83, 89, 97 **3** 2 **4** No **5 (b)**, **(c)** and **(e)** are prime.

126

Page 37

1 (a) 8 **(b)** 30 **(c)** 12 **(d)** 51 **(e)** 305 **(f)** 2100 **(g)** 510 **(h)** 62 **(i)** 4 **(j)** 49 **(k)** 90 **(l)** 45 **(m)** 900 **(n)** 19 **(o)** 24 **(p)** 229 **(q)** 121 **(r)** 950 **(s)** 3000 **(t)** 640 **(u)** 154 **(v)** 1901 **(w)** 1750 **2 (a)** XIV **(b)** XIX **(c)** XXIII **(d)** IL **(e)** LIV **(f)** LXXXI **(g)** XCII **(h)** VC **(i)** CI **(j)** CXXV **(k)** CL **(l)** CLXI **(m)** CCXL **(n)** CCCXXX **(o)** CD **(p)** DX **(q)** DCLXX **(r)** DCCCXXXIV **(s)** CM **(t)** MC **(u)** MD **(v)** MDCXXVIII **(w)** MCM **(x)** MCMXXXV **(y)** MCMLXXXI **3 (a)** 1819, 1901, LXXXII **(b)** 1758, 1805, XXXXVII **(c)** 1564, 1616, LII **(d)** 1451, 1506, LV **(e)** 1879, 1955, LXXVI **(f)** 849, 899, L **(g)** 1705, 1734, XXIX **(h)** 1027, 1087, LX **(i)** 570, 632, LXII **(j)** 1820, 1910, XC **4 (d)** MLXVI **(e)** XXXI **(g)** XXXVI **(h)** XIII

Page 38

1 93, 94, 95, 96, 97, 98, 99, 100, 101, 102, 103, 104, 105 **2** 202, 201, 200, 199, 198, 197, 196, 195, 194, 193
3 44, 46, 48, 50, 52, 54, 56, 58, 60, 62, 64, 66, 68 **4** 75, 73, 71, 69, 67, 65, 63, 61, 59, 57, 55, 53, 51
5 38, 44, 50, 56, 62, 68, 74, 80, 86, 92, 98, 104, 110 **6** 247, 241, 235, 229, 223, 217, 211, 205, 199, 193
7 107, 118, 129, 140, 151, 162, 173, 184, 195, 206, 217, 228, 239
8 290, 279, 268, 257, 246, 235, 224, 213, 202, 191 **9** 46, 53, 60, 74, 81, 88, 95, 102, 109, 116, 123, 130, 137, 144
10 446, 434, 422, 398, 386, 374, 362, 350, 338, 326, 314
11 48, 53, 58, 68, 73, 83, 88, 93, 98, 103, 108, 113, 118, 123 **12** 19, 33, 47, 75, 103, 117, 131, 145, 159, 173, 187
13 32, 64, 128, 256, 512, 1024, 2048, 4096, 8192, 16 384 **14** 81, 243, 729, 2187, 6561, 19 683, 59 049
15 25, 36, 49, 64, 81, 100, 121, 144 **16** 16, 22, 27, 35, 44, 54, 65 **17** 18, 24, 31, 39, 48, 58, 69
18 32, 40, 49, 59, 70, 82, 95 **19** 21, 23, 26, 27, 29, 32, 33 **20** 44, 46, 49, 50, 52, 53, 54
21 407, 405, 402, 401, 399, 396

Page 39

22 (b) 123454321 **(c)** 12345654321 1234567654321 **(d)** 123456787654321 12345678987654321
1 (a) 1428571 r3 **(b)** 14285714 r2 **(c)** 142857142 r6 **2** 285714, 428571, 571428, 714285, 857142
(a) They are the same **(b)** They are the digits 142857 in various orders **(c)** $142857 \times 7 = 999999$.
The pattern does not continue **4** The magic number always appears **5** 142857142857142784

Page 40

1 25, 36, 49, 64, 81, 121, 144, 169, 196, 225, 256, 289, 324 **2 (a)** 9, 16, 25, 36 **(b)** The sums are all squares
(c) Totals are 49, 64, 81 and 100.

Page 41

3 (b) (i) 625 (ii) 2500 **4** 49. 10, 8, 12, 15, 13, 5, 19, 16
5 (a) 1.2 **(b)** 2.5 **(c)** 0.6 **(d)** 1.9 **(e)** 0.3 **(f)** 0.4 **6 (a)** $\frac{3}{4}$ **(b)** $\frac{2}{9}$ **(c)** $\frac{7}{10}$ **(d)** $\frac{5}{12}$ **(e)** $\frac{1}{6}$ **(f)** $\frac{4}{7}$ **(g)** $\frac{8}{11}$
7 (a) 15, 21, 28, 36, 45, 55 **(b)** 25, 36, 49, 64, 81, 100. They are all square numbers.

Page 42

8 400   441   484   529   576   625   676   729   784   841   900
     41   43   45   47   49   51   53   55   57   59
      2   2   2   2   2   2   2   2   2

9 (a) 64 **(b)** 49 **(c)** 36 **(d)** (i) 25 (ii) 16 (iii) 9 (iv) 4 (v) 1 **(e)** 204 **1 (a)** $\frac{3}{8}$ **(b)** $\frac{5}{8}$

Page 43

2 (a) $\frac{11}{18}$ **(b)** $\frac{7}{18}$ **3 (a)** $\frac{5}{14}$ **(b)** $\frac{9}{14}$ **4** 2, 8 **5 (a)** $\frac{5}{12}$ **(b)** $\frac{7}{12}$ **6 (a)** 18, $\frac{5}{18}$, $\frac{13}{18}$ **(b)** 24, $\frac{13}{24}$, $\frac{11}{24}$ **(c)** 16, $\frac{5}{16}$, $\frac{11}{16}$
(d) 9, $\frac{4}{9}$, $\frac{5}{9}$ **(e)** 10, $\frac{3}{10}$, $\frac{7}{10}$ **(f)** 8, $\frac{3}{8}$, $\frac{5}{8}$ **(g)** 11, $\frac{7}{11}$, $\frac{4}{11}$ **(h)** 9, $\frac{2}{9}$, $\frac{7}{9}$

Page 44

7 (a) $\frac{1}{4}, \frac{3}{4}$ **(b)** $\frac{2}{5}, \frac{3}{5}$ **(c)** $\frac{1}{3}, \frac{2}{3}$ **(d)** $\frac{3}{7}, \frac{4}{7}$ **8 (a)** $\frac{3}{6} = \frac{1}{2}$ **(b)** $\frac{8}{10} = \frac{4}{5}$ **(c)** $\frac{6}{8} = \frac{3}{4}$ **(d)** $\frac{6}{9} = \frac{2}{3}$
9 (a) $\frac{4}{6} = \frac{6}{9} = \frac{8}{12} = \frac{10}{15} = \frac{12}{18} = \frac{14}{21} = \frac{16}{24} = \frac{18}{27} = \frac{20}{30}$ **(b)** $\frac{2}{4} = \frac{3}{6} = \frac{4}{8} = \frac{5}{10} = \frac{6}{12} = \frac{7}{14} = \frac{8}{16} = \frac{9}{18} = \frac{10}{20}$
(c) $\frac{6}{10} = \frac{9}{15} = \frac{12}{20} = \frac{15}{25} = \frac{18}{30} = \frac{21}{35} = \frac{24}{40} = \frac{27}{45} = \frac{30}{50}$ **10 (a)** $\frac{3}{5}$ **(b)** $\frac{1}{2}$ **(c)** $\frac{1}{3}$ **(d)** $\frac{5}{7}$ **(e)** $\frac{8}{9}$ **(f)** $\frac{3}{5}$ **(g)** $\frac{1}{2}$ **(h)** $\frac{1}{5}$ **(i)** $\frac{2}{3}$ **(j)** $\frac{5}{6}$

Page 45

11 (a) $\frac{2}{3} = \frac{12}{18}$ **(b)** $\frac{18}{45} = \frac{6}{15}$ **(c)** $\frac{5}{6} = \frac{10}{12}$ **(d)** $\frac{6}{21} = \frac{14}{49}$ **(e)** $\frac{24}{48} = \frac{25}{50}$ **(f)** $\frac{7}{10} = \frac{21}{30}$ **(g)** $\frac{40}{45} = \frac{48}{54}$ **(h)** $\frac{9}{60} = \frac{6}{40}$
12 (a) (i) $\frac{2}{4}, \frac{3}{6}, \frac{4}{8}, \frac{5}{10}$ (ii) $\frac{2}{6}, \frac{3}{9}$ (iii) $\frac{4}{5}$ (iv) $\frac{3}{4}$ (v) $\frac{2}{3}$ (vi) $\frac{1}{4}$ (vii) $\frac{6}{10}$ **(b)** $\frac{2}{2}, \frac{3}{3}, \frac{4}{4}, \frac{5}{5}, \frac{7}{7}, \frac{8}{8}, \frac{9}{9}, \frac{10}{10}$
(c) (i) 4 (ii) 2, 1 (iii) 3, 1 (iv) 4, 1 (v) 4, 2 (vi) 2, 1 (vii) 2, 1 (viii) 6, 2 (ix) 6, 3 (x) 4, 2 (xi) 6, 3

Page 46

13 (a) < **(b)** < **(c)** < **(d)** < **(e)** > **(f)** > **(g)** > **(h)** > **(i)** > **(j)** < **(k)** < **(l)** < **(m)** > **(n)** <
(o) < **(p)** < **(q)** < **(r)** > **(s)** > **(t)** < **(u)** < **(v)** > **(w)** < **(x)** < **14 (a)** >, 7, 6 **(b)** >, 3
(c) >, 21, 20 **(d)** <, 9, 10 **(e)** <, 14, 15 **(f)** <, 5, 6 **(g)** >, 8 **(h)** <, 14, 15 **15 (a)** E **(b)** X **(c)** A **(d)** M
(e) I **(f)** I **(g)** A **(h)** T **(i)** M **(j)** O **(k)** N **(l)** S

Page 47

16 (a) 60 **(b)** 12 **(c)** 72 **(d)** 45 **(e)** 80 **(f)** 42 **(g)** 10 **(h)** 6 **(i)** 56 **(j)** 96 **17 (a)** 10 **(b)** 12 **(c)** 24 **(d)** 6
(e) 36 **(f)** 30 **(g)** 10 **(h)** 45 **(i)** 14 **(j)** 10 **(k)** 24 **(l)** 12 **18 (a)** $1\frac{1}{10}, \frac{1}{2} < \frac{3}{5}$ **(b)** $1\frac{1}{8}, \frac{2}{3} > \frac{5}{8}$ **(c)** $1\frac{29}{60}, \frac{9}{10} > \frac{7}{12}$
(d) $\frac{17}{36}, \frac{1}{4} > \frac{2}{9}$ **(e)** $\frac{7}{15}, \frac{1}{6} < \frac{3}{10}$ **(f)** $\frac{17}{30}, \frac{4}{15} < \frac{3}{10}$ **(g)** $\frac{16}{21}, \frac{3}{7} > \frac{1}{3}$ **(h)** $1\frac{17}{21}, \frac{5}{6} < \frac{7}{8}$ **(i)** $1\frac{5}{12}, \frac{3}{4} > \frac{2}{3}$ **(j)** $1\frac{13}{40}, \frac{7}{10} > \frac{5}{8}$
(k) $1\frac{7}{60}, \frac{5}{12} < \frac{3}{5}$ **(l)** $1\frac{11}{40}, \frac{13}{20} > \frac{5}{8}$ **19 (a)** $\frac{7}{10}, \frac{1}{2}, \frac{2}{5}$ **(b)** $\frac{1}{3}, \frac{5}{15}, \frac{2}{15}$ **(c)** $\frac{8}{21}, \frac{1}{3}, \frac{2}{7}$ **(d)** $\frac{7}{8}, \frac{5}{6}, \frac{7}{12}$ **(e)** $\frac{11}{12}, \frac{7}{8}, \frac{3}{4}$ **(f)** $\frac{5}{6}, \frac{4}{5}, \frac{2}{3}$
(g) $\frac{7}{10}, \frac{3}{7}, \frac{2}{5}$ **(h)** $\frac{3}{5}, \frac{5}{12}, \frac{3}{20}$ **(i)** $\frac{1}{4}, \frac{1}{6}, \frac{1}{20}$ **(j)** $\frac{1}{2}, \frac{11}{30}, \frac{1}{3}$ **20 (a)** $\frac{68}{80}, \frac{65}{80}, \frac{17}{20}, \frac{13}{16}$ **(b)** 155, 162, $\frac{27}{40}, \frac{31}{48}$ **(c)** 18, 25, $\frac{5}{32}, \frac{3}{20}$
(d) $\frac{28}{45} > \frac{11}{27}$ **(e)** $\frac{25}{28} > \frac{31}{35}$

Page 48

1 (a) $\frac{4}{5}$ **(b)** $\frac{5}{7}$ **(c)** $\frac{5}{9}$ **(d)** $\frac{10}{11}$ **2 (a)** $\frac{2}{3}$ **(b)** $\frac{4}{5}$ **(c)** $\frac{5}{7}$ **(d)** $\frac{7}{9}$ **3 (a)** $\frac{10}{11}$ **(b)** $\frac{11}{15}$ **(c)** $\frac{13}{21}$ **(d)** $\frac{6}{7}$ **4 (a)** $\frac{2}{3}$ **(b)** $\frac{3}{4}$ **(c)** $\frac{2}{3}$ **(d)** $\frac{2}{5}$
5 (a) $\frac{1}{2}$ **(b)** $\frac{5}{6}$ **(c)** $\frac{4}{5}$ **(d)** $\frac{1}{3}$ **6 (a)** $1\frac{1}{3}$ **(b)** $1\frac{2}{3}$ **(c)** $1\frac{7}{8}$ **(d)** $2\frac{11}{12}$ **7 (a)** $3\frac{4}{5}$ **(b)** $4\frac{1}{2}$ **(c)** $3\frac{3}{5}$ **(d)** $6\frac{7}{9}$ **8 (a)** $1\frac{1}{7}$ **(b)** $1\frac{1}{5}$
(c) $1\frac{1}{9}$ **(d)** $1\frac{1}{3}$ **9 (a)** $1\frac{2}{11}$ **(b)** $1\frac{1}{3}$ **(c)** $1\frac{1}{7}$ **(d)** $1\frac{1}{5}$ **10 (a)** 1 **(b)** 1 **(c)** 1 **(d)** 1 **11 (a)** $2\frac{2}{5}$ **(b)** $4\frac{1}{3}$ **(c)** 5 **(d)** $3\frac{1}{2}$
12 (a) 4 **(b)** $4\frac{2}{9}$ **(c)** $3\frac{1}{6}$ **(d)** $3\frac{2}{7}$ **13 (a)** $\frac{11}{15}$ **(b)** $\frac{9}{14}$ **(c)** $\frac{13}{18}$ **(d)** $\frac{7}{8}$ **14 (a)** $\frac{1}{2}$ **(b)** $\frac{7}{10}$ **(c)** $\frac{5}{12}$ **(d)** $\frac{4}{5}$ **15 (a)** $1\frac{3}{8}$ **(b)** $1\frac{7}{12}$
(c) $1\frac{4}{9}$ **(d)** $1\frac{1}{12}$ **16 (a)** $2\frac{1}{6}$ **(b)** $3\frac{1}{8}$ **(c)** $4\frac{1}{2}$ **(d)** $4\frac{2}{21}$

Page 49

17 (a) $6\frac{2}{3}$ **(b)** $19\frac{3}{8}$ **(c)** $4\frac{1}{2}$ **(d)** $7\frac{4}{5}$ **18 (a)** $9\frac{2}{3}$ **(b)** $6\frac{2}{5}$ **(c)** $7\frac{4}{9}$ **(d)** $5\frac{1}{9}$ **19** $5\frac{17}{24}$ **20** $12\frac{17}{20}$ **21** $10\frac{13}{16}$ **22** $7\frac{3}{20}$ **23** $6\frac{5}{6}$
24 (a) (i) $4\frac{1}{5}$ (ii) $4\frac{1}{5}$ **(b)** (i) $4\frac{17}{18}$ (ii) $4\frac{17}{18}$ **(c)** (i) $8\frac{3}{4}$ (ii) $8\frac{3}{4}$ **(d)** (i) $7\frac{1}{2}$ (ii) $7\frac{1}{2}$ **1 (a)** $5\frac{3}{4}$ **(b)** $7\frac{1}{2}$ **(c)** $4\frac{7}{10}$ **(d)** $5\frac{1}{7}$
(e) $8\frac{3}{5}$ **(f)** $4\frac{7}{8}$ **(g)** $6\frac{1}{8}$ **(h)** $5\frac{1}{12}$ cuboid

Page 50

2 (a) $7\frac{11}{12}$ **(b)** $8\frac{1}{2}$ **(c)** $3\frac{3}{8}$ **(d)** $6\frac{4}{9}$ **(e)** $9\frac{1}{12}$ **(f)** $3\frac{23}{24}$ hexagon **1** (i) $\frac{5}{6}$ (ii) $1\frac{1}{4}$ (iii) $1\frac{1}{5}$ (iv) $\frac{5}{8}$ (v) $\frac{1}{2}$ (vi) $1\frac{1}{2}$ (vii) $\frac{7}{8}$
(viii) $\frac{8}{15}$ (ix) $1\frac{3}{10}$ BLACK BEAUTY **2** (i) $1\frac{11}{15}$ (ii) $1\frac{1}{10}$ (iii) $1\frac{3}{5}$ (iv) $1\frac{7}{10}$ (v) $1\frac{1}{3}$ (vi) $4\frac{1}{12}$ (vii) $2\frac{2}{7}$ (viii) $1\frac{3}{8}$
(ix) $1\frac{2}{3}$ MICKEY MOUSE **3** (i) $1\frac{5}{8}$ (ii) $2\frac{1}{15}$ (iii) $2\frac{5}{9}$ (iv) $2\frac{23}{24}$ (v) $1\frac{17}{18}$ KING KONG

Page 51

4 (i) $1\frac{1}{2}$ (ii) $1\frac{2}{3}$ (iii) $2\frac{5}{8}$ (iv) $2\frac{2}{3}$ (v) $4\frac{2}{5}$ (vi) $2\frac{8}{9}$ (vii) $4\frac{2}{7}$ (viii) 4 THE WHITE RABBIT **1 (a)** $\frac{1}{5}$ **(b)** $\frac{3}{7}$ **(c)** $\frac{1}{9}$
(d) $\frac{1}{3}$ **(e)** $\frac{5}{11}$ **2 (a)** $\frac{4}{8}$ **(b)** $\frac{7}{15}$ **(c)** $\frac{2}{5}$ **(d)** $\frac{2}{7}$ **(e)** $\frac{7}{9}$ **3 (a)** $\frac{1}{2}$ **(b)** $\frac{2}{3}$ **(c)** $\frac{3}{5}$ **(d)** $\frac{1}{2}$ **(e)** $\frac{2}{3}$ **4 (a)** $\frac{2}{5}$ **(b)** $\frac{4}{7}$ **(c)** $\frac{3}{4}$ **(d)** $\frac{1}{4}$
(e) $\frac{2}{5}$ **5 (a)** $1\frac{1}{10}$ **(b)** $2\frac{1}{4}$ **(c)** $2\frac{1}{6}$ **(d)** $1\frac{1}{5}$ **(e)** $3\frac{2}{3}$ **6 (a)** $1\frac{1}{4}$ **(b)** $4\frac{5}{7}$ **(c)** $1\frac{1}{5}$ **(d)** $3\frac{1}{3}$ **(e)** $5\frac{1}{2}$ **7 (a)** $\frac{2}{3}$ **(b)** $1\frac{4}{7}$ **(c)** $3\frac{1}{2}$
(d) $5\frac{3}{5}$ **(e)** $\frac{3}{5}$ **8 (a)** $\frac{1}{3}$ **(b)** $3\frac{1}{2}$ **(c)** $\frac{1}{2}$ **(d)** $\frac{2}{3}$ **(e)** $\frac{6}{9}$ **9 (a)** $\frac{1}{4}$ **(b)** $\frac{1}{3}$ **(c)** $\frac{1}{8}$ **(d)** $\frac{4}{9}$ **(e)** $\frac{3}{10}$ **10 (a)** $1\frac{3}{8}$ **(b)** $2\frac{3}{10}$ **(c)** $2\frac{1}{6}$
(d) $2\frac{3}{8}$ **(e)** $2\frac{3}{8}$ **11 (a)** $\frac{2}{15}$ **(b)** $\frac{5}{36}$ **(c)** $\frac{1}{20}$ **(d)** $\frac{2}{63}$ **(e)** $\frac{3}{88}$ **12 (a)** $\frac{1}{15}$ **(b)** $\frac{19}{36}$ **(c)** $\frac{7}{20}$ **(d)** $\frac{22}{63}$ **(e)** $\frac{17}{88}$ **13 (a)** $1\frac{7}{15}$ **(b)** $1\frac{1}{36}$
(c) $1\frac{3}{20}$ **(d)** $2\frac{31}{63}$ **(e)** $2\frac{15}{88}$ **14 (a)** $\frac{5}{8}$ **(b)** $\frac{2}{3}$ **(c)** $\frac{1}{2}$ **(d)** $\frac{13}{14}$ **(e)** $\frac{7}{9}$ **15 (a)** $2\frac{7}{10}$ **(b)** $1\frac{5}{9}$ **(c)** $2\frac{7}{12}$ **(d)** $\frac{5}{8}$ **(e)** $2\frac{2}{3}$

Page 52

16 (a) $3\frac{11}{15}$ **(b)** $2\frac{29}{36}$ **(c)** $3\frac{13}{20}$ **(d)** $\frac{16}{63}$ **(e)** $3\frac{65}{88}$ **17 (a)** $6\frac{7}{10}$ **(b)** $1\frac{29}{30}$ **(c)** $2\frac{23}{28}$ **(d)** $4\frac{13}{20}$ **(e)** $2\frac{13}{18}$ **18 (a)** $\frac{8}{15}$ **(b)** $\frac{11}{24}$
(c) $\frac{7}{12}$ **(d)** $\frac{29}{45}$ **(e)** $\frac{13}{60}$ **19 (a)** $1\frac{8}{15}$ **(b)** $1\frac{5}{24}$ **(c)** $2\frac{7}{12}$ **(d)** $4\frac{11}{45}$ **(e)** $5\frac{29}{60}$ **20 (a)** $1\frac{13}{24}$ **(b)** $2\frac{31}{60}$ **(c)** $2\frac{13}{18}$ **(d)** $2\frac{11}{40}$ **(e)** $1\frac{5}{12}$
21 $2\frac{13}{24}$ **22** $3\frac{8}{15}$ **23** $2\frac{1}{14}$ **24** $5\frac{43}{60}$ **1** (i) $\frac{1}{2}$ (ii) $\frac{1}{4}$ (iii) $\frac{3}{5}$ (iv) $\frac{5}{9}$ (v) $\frac{2}{3}$ (vi) $\frac{7}{10}$ CARDIFF **2** (i) $\frac{1}{2}$ (ii) $1\frac{1}{6}$ (iii) $1\frac{1}{10}$
(iv) $1\frac{5}{8}$ (v) $\frac{1}{19}$ (vi) $1\frac{1}{18}$ (vii) $1\frac{3}{10}$ BELFAST **3** (i) $\frac{7}{15}$ (ii) $\frac{3}{8}$ (iii) $1\frac{3}{10}$ (iv) $\frac{7}{10}$ (v) $1\frac{7}{9}$ (vi) $1\frac{11}{14}$ (vii) $\frac{29}{30}$
(viii) $\frac{3}{10}$ PLYMOUTH

Page 53

4 (i) $1\frac{1}{14}$ (ii) $\frac{1}{2}$ (iii) $1\frac{13}{16}$ (iv) $1\frac{11}{12}$ (v) $3\frac{13}{14}$ (vi) $\frac{13}{15}$ (vii) $\frac{13}{24}$ (viii) $1\frac{2}{5}$ (ix) $\frac{1}{4}$ EDINBURGH **5** (i) $1\frac{13}{30}$ (ii) $1\frac{4}{5}$ (iii) $2\frac{7}{12}$ (iv) $2\frac{13}{36}$ (v) $2\frac{1}{40}$ (vi) $\frac{11}{24}$ (vii) $\frac{3}{20}$ (viii) $\frac{23}{28}$ BIRMINGHAM **1** (a) $\frac{3}{5}$ (b) $\frac{5}{7}$ (c) $\frac{6}{7}$ (d) $\frac{9}{10}$ (e) $\frac{9}{20}$ (f) $\frac{21}{50}$ **2** (a) $3\frac{1}{3}$ (b) $5\frac{3}{5}$ (c) $3\frac{3}{7}$ (d) $6\frac{3}{10}$ (e) $2\frac{2}{11}$ (f) $1\frac{7}{25}$ **3** (a) 1 (b) 1 (c) 1 (d) 1 (e) 1 (f) 1 **4** (a) 3 (b) 8 (c) 12 (d) 15 (e) 28 (f) 9 **5** (a) $7\frac{1}{2}$ (b) $4\frac{1}{2}$ (c) $7\frac{1}{2}$ (d) $7\frac{1}{2}$ (e) $12\frac{1}{2}$ (f) $29\frac{1}{3}$ **6** (a) $2\frac{4}{5}$ (b) $8\frac{8}{9}$ (c) $21\frac{7}{10}$ (d) $2\frac{2}{3}$ (e) $12\frac{6}{11}$ (f) $3\frac{9}{10}$ **7** (a) $13\frac{1}{2}$ (b) $27\frac{3}{5}$ (c) $20\frac{1}{4}$ (d) $13\frac{5}{7}$ (e) $8\frac{7}{10}$ (f) $9\frac{5}{9}$ **8** (a) 8 (b) 18 (c) 17 (d) 27 (e) 46 (f) 18 **9** (a) $27\frac{3}{5}$ (b) $16\frac{1}{2}$ (c) $20\frac{1}{4}$ (d) $11\frac{1}{3}$ (e) $25\frac{1}{3}$ (f) $19\frac{1}{2}$ **10** (a) $\frac{8}{15}$ (b) $\frac{5}{42}$ (c) $\frac{8}{45}$ (d) $\frac{1}{20}$ (e) $\frac{14}{27}$ (f) $\frac{5}{14}$ **11** (a) $\frac{1}{6}$ (b) $\frac{3}{4}$ (c) $\frac{3}{7}$ (d) $\frac{2}{5}$ (e) $\frac{1}{8}$ (f) $\frac{1}{8}$

Page 54

12 (a) $3\frac{1}{8}$ (b) 6 (c) $10\frac{2}{5}$ (d) 2 (e) $10\frac{1}{2}$ (f) $5\frac{2}{3}$ **13** (a) 20 cm² (b) $28\frac{1}{5}$ cm² (c) 66 cm² (d) $15\frac{3}{4}$ cm² **14** (a) $\frac{4}{5}$ (b) $1\frac{1}{2}$ (c) $1\frac{1}{5}$ (d) 6 **15** (a) $5\frac{1}{2}$ kg (b) $24\frac{1}{2}$ kg (c) $9\frac{1}{2}$ kg **16** (a) £4.50 (b) £8 (c) £5 (d) £2 **17** $45\frac{1}{2}$ years **18** (a) $\frac{1}{6}$ (b) £7500, £5000, £2500 **19** (a) 6 (b) $\frac{1}{3}$ (c) $\frac{2}{3}$ (d) 5 **20** (a) 3 (b) 24 (c) $24\frac{3}{4}$ (d) 4 **21** (a) 85 cubic units (b) 56 cubic units (c) 76 cubic units **22** (a) $\frac{4}{15}$ (b) $\frac{5}{14}$ (c) $\frac{2}{9}$ (d) $\frac{3}{40}$ (e) $\frac{1}{12}$ (f) $\frac{5}{24}$ (g) $\frac{4}{21}$ **23** (a) $\frac{4}{9}$ (b) $\frac{1}{5}$ (c) $\frac{3}{11}$ (d) $\frac{2}{13}$ (e) $\frac{3}{7}$ (f) $\frac{4}{9}$ (g) $\frac{3}{10}$ **24** (a) $\frac{2}{5}$ (b) $\frac{1}{2}$ (c) $\frac{3}{4}$ (d) $2\frac{1}{2}$ (e) $\frac{3}{5}$ (f) $\frac{2}{7}$ (g) $\frac{5}{6}$ **25** (a) 4 (b) 3 (c) 6 (d) 9 (e) 14 (f) 17 (g) 18 (h) 25 (i) 27 **26** (a) 2 (b) 6 (c) 10 (d) 16 (e) 20 (f) 22 (g) 26 (h) 5 (i) 11 (j) 53

Page 55

27 (a) 2 (b) 5 (c) 7 (d) 12 (e) 15 (f) 16 (g) 19 **28** (a) 4 (b) 8 (c) 14 (d) 18 (e) 24 (f) 7 (g) 9 **29** (a) 48 ℓ (b) 20 ℓ (c) 56 ℓ (d) 22 ℓ **30** (a) 14 h (b) 21 h (c) 35 h (d) $10\frac{1}{2}$ h (e) $17\frac{1}{2}$ h (f) $31\frac{1}{2}$ h (g) $38\frac{1}{2}$ h (h) $22\frac{3}{4}$ h (i) $29\frac{3}{4}$ h (j) $33\frac{1}{4}$ h **31** $11\frac{7}{8}$ t **32** (a) 8 (b) 13 (c) 20 **33** (a) £16 (b) £64 (c) £80 (d) £128 (e) £192 (f) £176 (g) £60 (h) £100 (i) £148 **1** $1\frac{1}{2}$ **2** (a) $3\frac{3}{4}$ (b) $2\frac{1}{2}$ (c) $1\frac{1}{4}$

Page 56

3 (a) $\frac{1}{2}$, 1, $1\frac{1}{2}$, $1\frac{1}{8}$ (b) $\frac{4}{5}$, 2, $\frac{3}{5}$, $1\frac{1}{3}$ (c) $2\frac{2}{5}$, $2\frac{7}{10}$, $\frac{3}{5}$ (d) $1\frac{2}{5}$, 2, $2\frac{3}{5}$, $3\frac{1}{5}$ (e) $1\frac{1}{9}$, 2, $2\frac{2}{9}$, $1\frac{5}{9}$ (f) $\frac{7}{16}$, $\frac{9}{16}$, $\frac{13}{16}$, $\frac{3}{8}$ **4** $\frac{1}{3}$, $\frac{1}{4}$, $\frac{2}{3}$, $\frac{3}{4}$, $\frac{5}{12}$, $\frac{1}{12}$, $\frac{1}{6}$, $\frac{7}{12}$, $\frac{1}{2}$

Page 57

1 (b) $\frac{3}{8}$ (c) $\frac{1}{24}$ (d) $\frac{1}{3}$ **2** (a) 15° (b) (i) 30° (ii) $7\frac{1}{2}°$ (iii) 5°

3

9	7	1	3	4
135	105	15	45	60
$\frac{3}{8}$	$\frac{7}{24}$	$\frac{1}{24}$	$\frac{1}{8}$	$\frac{1}{6}$

4

9	6	3	2	4
$\frac{3}{8}$	$\frac{1}{4}$	$\frac{1}{8}$	$\frac{1}{12}$	$\frac{1}{6}$
10	8	4	1	1
$\frac{5}{12}$	$\frac{1}{3}$	$\frac{1}{6}$	$\frac{1}{24}$	$\frac{1}{24}$

5

7	6	3	2	6
$\frac{7}{24}$	$\frac{1}{4}$	$\frac{1}{8}$	$\frac{1}{12}$	$\frac{1}{4}$

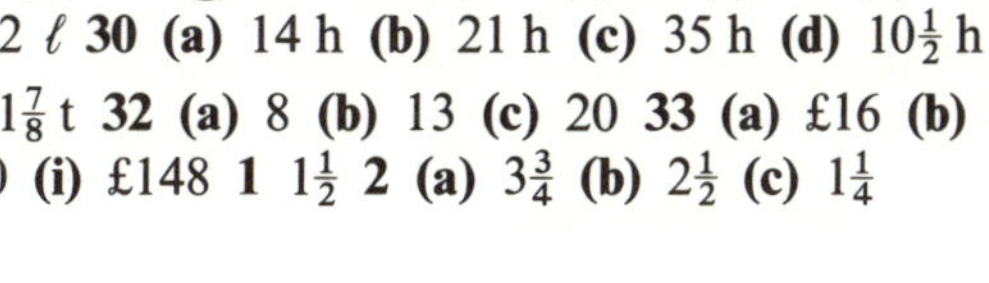

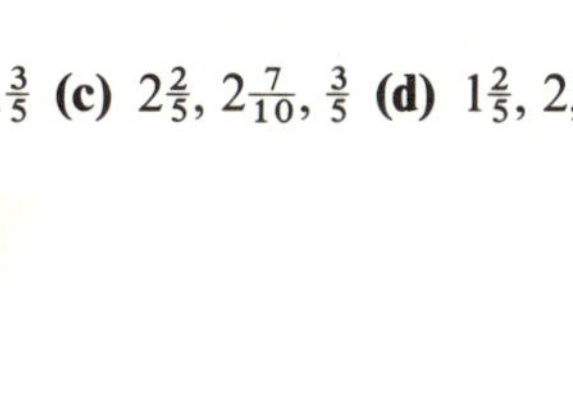

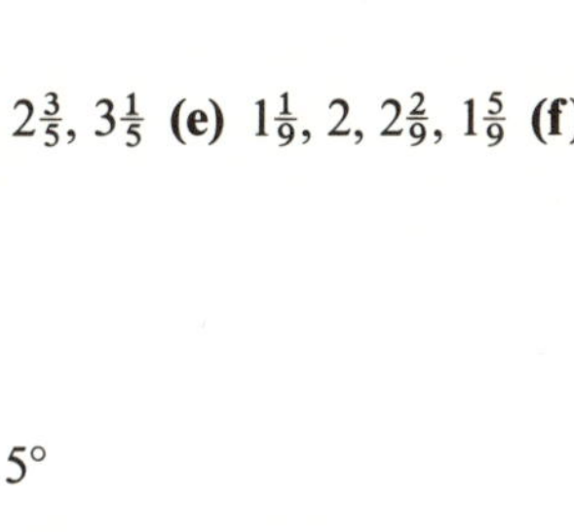

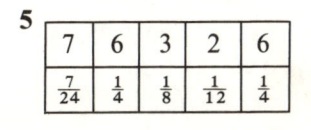

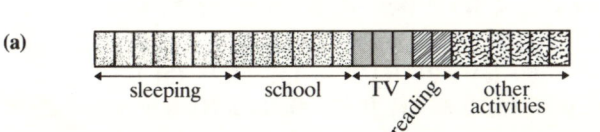

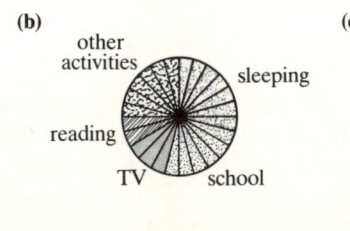

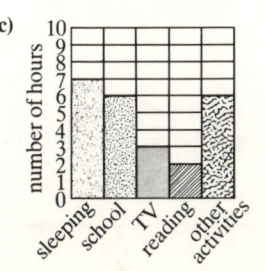

Page 58

1 (a) $\frac{2}{3}$ **(b)** $\frac{1}{7}$ **(c)** $\frac{7}{8}$ **(d)** $\frac{4}{9}$ **(e)** $\frac{7}{10}$ **(f)** $\frac{5}{9}$ **(g)** $\frac{4}{7}$ **2** $\frac{3}{7}, \frac{3}{10}, \frac{4}{9}, \frac{1}{10}, \frac{7}{10}, \frac{1}{8}, \frac{4}{9}, \frac{4}{5}$ **3 (a)** SUBTRACT **(b)** CENTIMETRE **(c)** SQUARE **4 (a)** TIGER **(b)** CHEETAH **(c)** MONKEY **(d)** GORILLA **5 (a)** rectangle **(b)** square **(c)** trapezium **(d)** parallelogram **(e)** triangle

Page 59

1 (a) $1\frac{5}{12}$ **(b)** $1\frac{1}{10}$ **(c)** $1\frac{13}{14}$ **(d)** $4\frac{2}{15}$ **(e)** $\frac{1}{2}$ **(f)** $\frac{7}{25}$ **(g)** $\frac{9}{14}$ **(h)** $3\frac{11}{15}$ **2 (a)** $\pm\frac{1}{12}$ **(b)** $\pm\frac{3}{10}$ **(c)** $\pm 1\frac{1}{14}$ **(d)** $\pm 1\frac{7}{15}$ **(e)** $3\frac{1}{2}, \frac{2}{7}$ **(f)** $5, \frac{1}{5}$ **(g)** $2\frac{2}{3}, \frac{3}{8}$ **(h)** $\frac{1}{10}, 10$ **3 (a)** $1\frac{1}{2}$ **(b)** $1\frac{2}{3}$ **(c)** 1 **(d)** $2\frac{7}{20}$ **(e)** $5\frac{7}{10}$ **(f)** $4\frac{10}{21}$ **(g)** $\frac{1}{15}$ **(h)** 2 **(i)** $\frac{3}{7}$ **(j)** $1\frac{1}{3}$ **(k)** $\frac{1}{240}$ **(l)** 8 **4 (a)** $\frac{1}{20}, \frac{9}{20}$ **(b)** $\frac{1}{4}, \frac{13}{20}$ **(c)** $\frac{1}{4}, \frac{1}{2}$ **(d)** $\frac{9}{20}, \frac{1}{20}$ **(e)** $\frac{13}{20}, \frac{1}{4}$ **(f)** $\frac{1}{2}, \frac{1}{4}$ **(g)** $\frac{23}{40}, \frac{21}{40}$ **(h)** $\frac{3}{8}, \frac{63}{200}$ **(i)** $\frac{9}{16}, \frac{35}{64}$ **5 (a)** $\frac{1}{48}, \frac{3}{4}$ **(b)** $\frac{1}{96}, \frac{1}{6}$ **(c)** $1\frac{5}{32}, \frac{1}{8}$ **(d)** $1, 1$ **(e)** $\frac{1}{6}, \frac{1}{3}$ **(f)** $2\frac{4}{5}, \frac{1}{10}$ **6 (a)** $6\frac{3}{7}$ **(b)** $7\frac{8}{11}$ **(c)** $\frac{1}{6}$ **(d)** $6\frac{4}{5}$ **(e)** $32\frac{1}{2}$ **(f)** 10

Page 60

1 (a) $15, 2 \times 2 \times 3 \times 5$ **(b)** $57, 2 \times 3 \times 19$ **2** $1, 3, 5, 9, 15, 45$ **3 (a)** $1, 2, 3, 6$ **(b)** 6 **4** $23, 29, 31, 37$ **5 (a)** MCMLXXXII **(b)** 1590 **6 (a)** $17, 20, 23, 26, 29, 32$ **(b)** $96, 48, 24, 12, 6, 3$ **7 (a)** 81 **(b)** 900 **(c)** 225 **(d)** 1.69 **(e)** 96.04 **8 (a)** 10 **(b)** 9 **(c)** 16 **(d)** 1 **(e)** 1.2 **9** $\frac{1}{3}$ **10 (a)** $16, 15$ **(b)** $3, 24$ **11 (a)** $\frac{2}{5}, \frac{2}{3}, \frac{3}{4}$ **(b)** $\frac{7}{18}, \frac{4}{9}, \frac{1}{2}$ **12 (a)** $\frac{5}{7}$ **(b)** $1\frac{1}{2}$ **(c)** $\frac{5}{6}$ **(d)** $1\frac{1}{9}$ **(e)** $\frac{17}{30}$ **(f)** $1\frac{7}{30}$ **(g)** $1\frac{1}{6}$ **(h)** $3\frac{7}{10}$ **(i)** $5\frac{3}{14}$ **(j)** $4\frac{1}{12}$ **(k)** $6\frac{17}{24}$ **(l)** $4\frac{9}{20}$ **(m)** $2\frac{1}{8}$ **(n)** $4\frac{1}{2}$ **(o)** $8\frac{1}{5}$ **(p)** $6\frac{7}{18}$ **(q)** $9\frac{1}{10}$ **13 (a)** $\frac{3}{5}$ **(b)** $\frac{2}{9}$ **(c)** $\frac{1}{2}$ **(d)** $\frac{2}{9}$ **(e)** $\frac{3}{14}$ **(f)** $\frac{13}{30}$ **(g)** $\frac{7}{8}$ **(h)** $2\frac{5}{8}$ **(i)** $1\frac{1}{2}$ **(j)** $\frac{5}{8}$ **(k)** $1\frac{1}{2}$ **(l)** $\frac{11}{14}$

Page 61

14 (a) 36 **(b)** 60 **15 (a)** $\frac{4}{7}$ **(b)** $\frac{9}{10}$ **(c)** $1\frac{1}{3}$ **(d)** $1\frac{7}{8}$ **(e)** 4 **(f)** $6\frac{1}{4}$ **(g)** $5\frac{1}{4}$ **(h)** 13 **(i)** $\frac{3}{14}$ **(j)** $\frac{12}{25}$ **(k)** 2 **(l)** 3 **16** $4\frac{2}{5}$ cm² **17 (a)** $\frac{3}{10}$ **(b)** $\frac{7}{30}$ **(c)** $\frac{3}{7}$ **(d)** $\frac{3}{10}$ **(e)** $\frac{3}{4}$ **(f)** $1\frac{1}{2}$ **18 (a)** $\frac{1}{12}$ **(b)** Ann 12, Brian 32, Carol 4 **19 (a)** $\frac{5}{12}$, 30 kg **(b) (i)** 24 kg **(ii)** 18 kg **20** $\frac{4}{5}, 1, 1\frac{4}{5}, 2, \frac{3}{5}$ **21** 88 cm³ **22 (a)** 36 **(b)** 16 **(c)** 29 **(d) (i)** $\frac{1}{2}$ **(ii)** $\frac{1}{4}$ **(iii)** $\frac{1}{18}$ **23 (a)** Yes **(b)** Yes **(c)** No **(d)** Yes **(e)** No

Page 62

1 (b) $\frac{2}{10}, 0.2$ **(c)** $\frac{3}{10}, 0.3$ **(d)** $\frac{4}{10}, 0.4$ **(e)** $\frac{5}{10}, 0.5$ **(f)** $\frac{6}{10}, 0.6$ **(g)** $\frac{7}{10}, 0.7$ **(h)** $\frac{8}{10}, 0.8$ **(i)** $\frac{9}{10}, 0.9$ **2 (a)** 2.7 **(b)** 1.9 **(c)** 3 **(d)** 2.1 **(e)** 1.5 **(f)** 4 **(g)** 2.3 **(h)** 1.6

Page 63

3 (a) B = 0.5, C = 0.8, D = 1.1, E = 1.4, F = 1.7, G = 1.9, H = 2.2, I = 2.5, J = 2.7

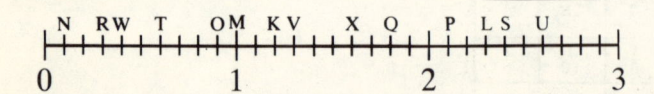

```
   N  RW T    OM KV    X Q      P LS U
|--|--|--|--|--|--|--|--|--|--|--|--|--|--|--|
0          1           2           3
```

4 (a) 3.7 **(b)** 1.9 **(c)** 0.3 **(d)** 2.6 **(e)** 0.8 **(f)** 1.2 **(g)** 4.1 **(h)** 0.2 **(i)** 0.5 **(j)** 0.8 **(k)** 1.6 **(l)** 3.4 **(m)** 4.2 **(n)** 6.6 **5 (a)** $3\frac{7}{10}$ **(b)** $1\frac{1}{2}$ **(c)** $2\frac{2}{5}$ **(d)** $3\frac{4}{5}$ **(e)** $\frac{3}{5}$ **(f)** $7\frac{9}{10}$ **(g)** $4\frac{1}{10}$ **(h)** $5\frac{1}{5}$ **(i)** $\frac{4}{5}$ **(j)** $3\frac{3}{10}$ **(k)** $2\frac{7}{10}$ **(l)** $1\frac{2}{5}$ **(m)** $6\frac{1}{5}$ **(n)** $2\frac{4}{5}$ **6 (a)** $0.08, \frac{2}{25}$ **(b)** $0.02, \frac{1}{50}$ **(c)** $0.2, \frac{1}{5}$ **(d)** $0.36, \frac{9}{25}$ **(e)** $0.59, \frac{59}{100}$ **(f)** $0.71, \frac{71}{100}$ **(g)** $0.83, \frac{83}{100}$ **(h)** $0.95, \frac{19}{20}$ **7 (a)** 0.07 **(b)** 0.11 **(c)** 0.43 **(d)** 1.09 **(e)** 2.21 **(f)** 4.16 **(g)** 13.25 **(h)** 0.15 **(i)** 0.35 **(j)** 0.95 **(k)** 0.36 **(l)** 0.04 **(m)** 0.44 **(n)** 0.12 **(o)** 0.25 **(p)** 0.75 **(q)** 0.38 **(r)** 0.42 **(s)** 0.02 **(t)** 0.94 **(u)** 0.22 **8 (a)** $\frac{37}{100}$ **(b)** $\frac{81}{100}$ **(c)** $\frac{9}{100}$ **(d)** $1\frac{29}{100}$ **(e)** $3\frac{61}{100}$ **(f)** $8\frac{7}{100}$ **(g)** $5\frac{41}{100}$ **(h)** $\frac{6}{25}$ **(i)** $\frac{21}{50}$ **(j)** $1\frac{24}{25}$ **(k)** $2\frac{17}{20}$ **(l)** $6\frac{9}{25}$ **(m)** $1\frac{1}{10}$ **(n)** $4\frac{2}{5}$

Page 64

9 (a) B = 0.06, C = 0.08, D = 0.11, E = 0.13, F = 0.16, G = 0.19, H = 0.21, I = 0.23, J = 0.25

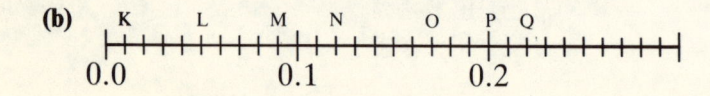

(b)
```
        K   L    M     N     O   P Q
|--|--|--|--|--|--|--|--|--|--|--|--|--|--|
0.0        0.1        0.2
```

11 (a) A = 0.002, B = 0.005, C = 0.008, D = 0.010, E = 0.012, F = 0.015, G = 0.017, H = 0.021, I = 0.024, J = 0.027

(b)

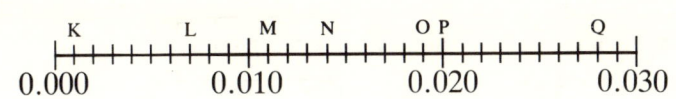

```
            K       L       M   N     O P           Q
    |+++++++|+++++++|+++++++|+++++++|+++++++|
  0.000   0.010   0.020   0.030
```

12 (a) 0.143 **(b)** 0.784 **(c)** 0.961 **(d)** 0.076 **(e)** 0.031 **(f)** 0.089 **(g)** 0.024 **(h)** 0.338 **(i)** 0.614 **(j)** 0.452 **(k)** 0.936 **(l)** 0.688 **(m)** 0.112 **(n)** 0.855 **13 (a)** $\frac{243}{1000}$ **(b)** $\frac{21}{200}$ **(c)** $\frac{39}{500}$ **(d)** $\frac{1}{250}$ **(e)** $1\frac{173}{500}$ **(f)** $4\frac{163}{200}$ **(g)** $2\frac{453}{500}$ **(h)** $8\frac{1}{500}$ **(i)** $7\frac{27}{250}$ **(j)** $1\frac{33}{500}$ **(k)** $3\frac{97}{500}$ **(l)** $2\frac{111}{200}$ **(m)** $9\frac{51}{250}$ **(n)** $7\frac{1}{250}$ **14 (a)** 0.8, 0.191, 0.098 **(b)** 1.003, 1, 0.999 **(c)** 4.1, 4.02, 3.957 **(d)** 0.7, $\frac{615}{1000}$, $\frac{3}{5}$ **(e)** 0.9, $\frac{81}{100}$, $\frac{101}{125}$ **(f)** $\frac{19}{25}, \frac{3}{4}, \frac{7}{10}$ **15** Carol 76%, Brian 87.4%, Ann 84%

Page 65

1 (a) 5.9 **(b)** 7.1 **(c)** 3.9 **(d)** 5.9 **(e)** 9.9 **(f)** 6.9 **(g)** 4.1 **(h)** 8.1 **(i)** 4.1 **(j)** 4.6 **(k)** 10.0 **(l)** 8.3 **2 (a)** 3.67 **(b)** 4.85 **(c)** 7.04 **(d)** 8.21 **(e)** 10.55 **(f)** 6.607 **(g)** 6.912 **(h)** 8.049 **(i)** 9.130 **(j)** 7.444 **3 (a)** 24.868 **(b)** 16.278 **(c)** 22.587 **(d)** 26.735 **(e)** 17.966 **(f)** 57.56 **4 (a)** 55.422 **(b)** 57.708 **(c)** 20.353 **(d)** 55.986 **(e)** 98.333 **(f)** 102.695 **(g)** 110.758 **(h)** 67.72 **(i)** 117.81 **(j)** 102.011

Page 66

5 (a) 390.122 **(b)** 196.426 **(c)** 262.48 **(d)** 144.347 **6 (a)** 718.812 **(b)** 224.253
1 (a) 8.5 **(b)** 5.2 **(c)** 5.0 **(d)** 2.1 **(e)** 0.2 **(f)** 2.0 **(g)** 1.5 **(h)** 1.7 **(i)** 2.5 **(j)** 0.9 **(k)** 5.4 **(l)** 1.8 **2 (a)** 8.22 **(b)** 4.32 **(c)** 5.16 **(d)** 2.83 **(e)** 1.07 **(f)** 4.25 **(g)** 2.56 **(h)** 8.89 **(i)** 4.59 **(j)** 17.59 **(k)** 13.88 **(l)** 7.79

Page 67

3 (a) 3.082 **(b)** 2.351 **(c)** 1.821 **(d)** 3.050 **(e)** 4.090 **(f)** 3.191 **(g)** 3.766 **(h)** 0.788 **(i)** 1.688 **(j)** 1.468 **(k)** 1.868 **(l)** 1.567 **4 (a)** 0.656 **(b)** 4.384 **(c)** 2.033 **(d)** 3.891 **(e)** 4.66 **(f)** 0.13 **(g)** 2.363 **(h)** 1.345 **(i)** 2.385 **(j)** 1.342 **(k)** 4.21 **(l)** 5.634 **5 (a)** 10.22 **(b)** 18.86 **(c)** 8.634 **(d)** 0.201 **(e)** 12.413 **(f)** 54.796 **6 (a)** 17.26 **(b)** 35.42 **(c)** 128.018 **(d)** 43.629 **(e)** 15.524 **(f)** 6.992 **(g)** 0.223 **(h)** 0.1631 **(i)** 0.026 **1 (a)** 8.41 **(b)** 23.68 **(c)** 18.01 **(d)** 74.79 **(e)** 68.63 **(f)** 82.43 **(g)** 92.63 **(h)** 61.19 **(i)** 102.83 **2 (a)** 69.241 **(b)** 28.479 **(c)** 106.905 **(d)** 141.136 **(e)** 25.845 **(f)** 21.843 **3 (a)** 67.228 m **(b)** 45.076 m **4** 3.894 m² **5** 0.147 m³ **6** 23.675 km

Page 68

7 3.66 km/h **8 (a)** £995.80 **(b)** £808.20 **9 (a)** 311.17 km **(b)** 188.83 km **10 (a)** 90.37 ℓ **(b)** 30.93 ℓ

3	.	7	9	.	4	5
8	■	.	4	■	.	■
.	■	3	.	1	4	3
6	.	4	■	.	6	2
2	■	9	.	5	7	0
■	4	■	■	.	■	.
5	.	6	■	2	1	.	3
1	5	0	.	3	■	4

1	.	9	■	3	.	8	7
2	■	.	■	4	■	.	■
.	■	■	1	.	9	6	2
0	.	4	■	.	■	3	5
7	■	5	.	7	8	■	0
■	■	0	■	■	.	■	.
9	.	7	■	6	3	.	6
2	8	4	.	1	■	■	9

131

Page 69

1 (a) 1.5 **(c)** 5.1

2 (a)

1.6	0.2	1.2
0.6	1.0	1.4
0.8	1.8	0.4

(b)

1.9	2.1	1.1
0.9	1.7	2.5
2.3	1.3	1.5

(c)

3.3	7.5	4.5
6.3	5.1	3.9
5.7	2.7	6.9

(d)

0.6	2.0	1.0
1.6	1.2	0.8
1.4	0.4	1.8

(e)

4.0	2.0	2.4
1.2	2.8	4.4
3.2	3.6	1.6

(f)

2.5	2.9	0.9
0.5	2.1	3.7
3.3	1.3	1.7

3 (a) 8.1 **(b)** 1.05

Page 70

1 (a) 114.3 (117) **(b)** 497.8 (520) **(c)** 2463.3 (2400) **(d)** 1914.79 (1920) **(e)** 1553.94 (1530) **(f)** 3692.15 (3840) **(g)** 766.044 (800) **(h)** 1269.188 (1260) **(i)** 601.1775 (609) **2 (a)** 282.745 **(b)** 1415.328 **(c)** 1180.944 **(d)** 355.81 **(e)** 2676.3698 **(f)** 467.7296 **(g)** 499.0908 **(h)** 2300.0803 **(i)** 7.5208 **(j)** 6.2206 **(k)** 229.4888 **(l)** 275.502 **3 (a)** 35.72 cm^2 **(b)** 492.8 cm^2 **(c)** 12.702 cm^2 **(d)** 169.653 cm^2 **(e)** 260.928 m^2 **(f)** 613.285 m^2 **(g)** 1297.164 m^2 **(h)** 4854.1492 m^2 **4 (a)** £46.08 **(b)** £99.84 **(c)** £124.80 **(d)** £293.76 **5 (a)** 14.55 g **(b)** 36.86 g **(c)** 45.105 g **(d)** 78.861 g **6 (a)** 30.87 m^2 **(b)** 49.28 m^2

Page 71

1 (a) 51.2, 5.12, 0.512 **(b)** 74.3, 7.43, 0.743 **(c)** 98.0, 9.80, 0.980 **(d)** 66.50, 6.65, 0.665 **(e)** 183.2, 18.32, 1.832 **(f)** 209.6, 20.96, 2.096 **(g)** 512.0, 51.20, 5.120 **(h)** 733.6, 73.36, 7.336 **(i)** 24.41, 2.441, 0.2441 **(j)** 60.37, 6.037, 0.6037 **(k)** 81.25, 8.125, 0.8125 **(l)** 14.96, 1.496, 0.1496 **(m)** 121.87, 12.187, 1.2187 **(n)** 660.32, 66.032, 6.6032 **2 (a)** 40.8 **(b)** 9.9 **(c)** 11.9 **(d)** 10.2 **(e)** 20.6 **(f)** 6.8 **(g)** 1.06 **(h)** 0.88 **(i)** 0.96 **(j)** 0.69 **3 (a)** 0.85 **(b)** 1.45 **(c)** 2.74 **(d)** 2.95 **(e)** 6.95 **(f)** 4.75 **(g)** 8.35 **(h)** 45.75 **(i)** 14.04 **(j)** 13.35 **4 (a)** 30.2 **(b)** 41.7 **(c)** 16.6 **(d)** 12.9 **(e)** 18.4 **(f)** 21.8 **(g)** 73.5 **(h)** 55.6 **5** 6.7 m/s **6** 36.7 m

Page 72

7 58.2 kg **8 (a)** 13.8 **(b)** 29.6 **(c)** 70.7 **(d)** 45.2 **(e)** 86.8 **(f)** 78.1 **(g)** 43.1 **(h)** 94.4 **(i)** 60.2 **(j)** 85.6 **9 (a)** 3.23 **(b)** 2.61 **(c)** 1.17 **(d)** 7.83 **(e)** 9.51 **(f)** 15.12 **(g)** 3.54 **(h)** 9.01 **(i)** 10.45 **(j)** 13.33 **(k)** 15.43 **(l)** 4.22 **(m)** 8.03 **(n)** 18.01 **(o)** 3.45 **(p)** 5.54 **(q)** 1.35 **(r)** 2.59 **(s)** 1.73 **(t)** 1.12 **10** 136 m **11** £1366.72 **12** 355 km **13** 135 ℓ **14** 48.7

Page 73

1	8	2	.	0	4	■	1	6	.	9
7	.	4	■	.	■	2	3	0	■	.
8	3	.	5	2	■	8	.	1	3	5
6	9	8	.	6	■	4	2	.	0	8
.	■	6	0	7	6	.	4	9	■	6
4	7	■	2	0	.	5	4	■	6	■
1	.	7	■	3	1	8	■	1	9	5
■	5	7	3	■	9	■	7	.	9	1
2	1	7	.	8	■	1	2	6	.	5
1	4	.	7	3	■	.	■	8	0	■
0	■	6	2	5	■	4	.	3	3	7

Page 74

1 KILOMETRE **2** RHOMBUS **3** SEVENTEEN **4** NUMERATOR **5** RIGHT ANGLE
6 CALCULATOR **7** PERIMETER

Page 75

1 FEBRUARY **2 (a)** FRIDAY **(b)** THURSDAY **3** SHE IS A BEAUTY **4 (a)** 1.25 **(b)** 0.98 **(c)** 0.27 **(d)** 0.24 **(e)** 1.14 **(f)** 0.38 **(g)** 1.32 **(h)** 0.19 **(i)** 0.06 **(j)** 0.02 **(k)** 0.08 **(l)** 0.008 **(m)** 1.32 **(n)** 0.1

Page 76

1 FORTY-EIGHT **2** EIGHT **3** EVEN NUMBERS **4** TEN **5** THIRTY **6** ONE HUNDRED
7 PERIMETER **8** TWELVE **9** PRIME NUMBER **10** V **11** SEVEN **12** SEVENTEEN

Page 77

1 0.4, 0.8, 1.2, 1.4, 1.8 **2 (a)** (i) $\frac{1}{4}$ (ii) 0.25 **(b)** 4.25, 4.75, 5.5, 5.75, 6.25 **3 (a)** 2.8, 4.4, 5.6, 7.0, 7.6, 8.2, 9.8 **(b) (c) (d)**

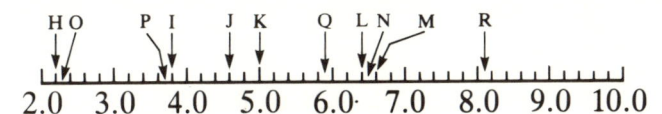

4 (a) (i) 0.02 (ii) 0.1 **(b)** 0.6, 2.5 0.2, 1.0 0.1, 2.0 0.34, 0.5 0.76, 1.8

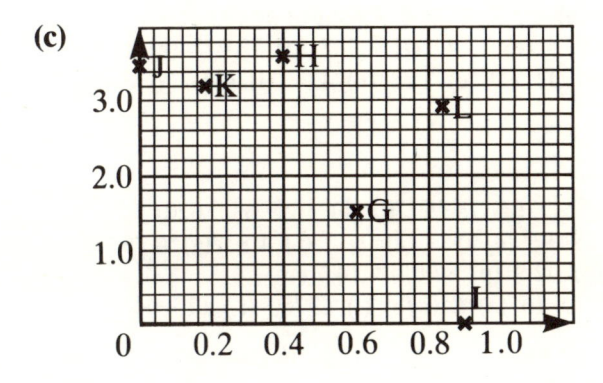

(c)

Page 79

1 (a) 0.25 **(b)** 0.75 **(c)** 0.60 **(d)** 0.90 **(e)** 0.125 **(f)** 0.375 **(g)** 0.625 **(h)** 0.875 **(i)** 0.96 **2 (a)** $\frac{1}{2}$ **(b)** $\frac{1}{5}$ **(c)** $\frac{2}{5}$ **(d)** $\frac{4}{5}$ **(e)** $\frac{7}{10}$ **(f)** $\frac{27}{50}$ **(g)** $\frac{11}{25}$

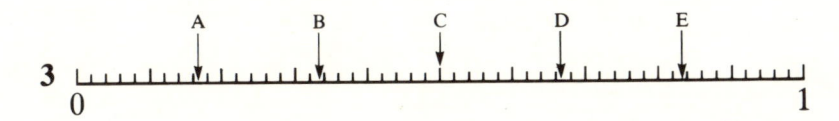

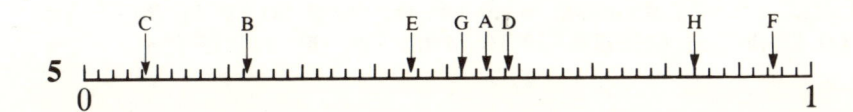

Page 80

1 (a) 30 **(b)** 8 **(c)** 129 **(d)** 21 **2 (a)** 32 **(b)** 4 **(c)** 145 **(d)** 15 **3** 9, 1, 12, 8 **(a)** Dog **(b)** 33 **(c)** 11

Page 81

1 $\frac{1}{4}$ **2** £60 **3 (a)** $\frac{1}{4}$, £60 **(b)** $\frac{1}{12}$, £20 **(c)** $\frac{1}{6}$, £40 **(d)** $\frac{31}{120}$, £62 **(e)** $\frac{7}{60}$, £28 **(f)** $\frac{1}{8}$, £30 **4 (a)** £720
(b) Late Night Shopping/Market Day **(c)** Half-day closing **(d)** £2 **(e)** Mon. 62%, Tues. 49%, Wed. 80%, Thur. 26%, Fri. 77%, Sat. 66% **5** 1° represents 1 car

133

Page 83

(Approximate answers) **1 (a)** 24.1 **(b)** 7.7 **(c)** 27.4 **(d)** 8.3 **(e)** 66.0 **(f)** 21.2 **2 (a)** 3.8 **(b)** 3.8 **(c)** 4.1 **(d)** 5.1 **(e)** 6.4 **(f)** 5.4 **3 (a)** 281 **(b)** 120 **(c)** 338 **(d)** 722 **(e)** 146 **(f)** 124 **4 (a)** 27.0 **(b)** 63.7 **(c)** 22.5 **(d)** 94.1 **(e)** 77.4 **5 (a)** 6.8 **(b)** 18.5 **(c)** 51.8 **(d)** 3.6 **(e)** 88.4 **6 (a)** 8.4 **(b)** 6.1 **(c)** 3.7 **(d)** 1.6 **(e)** 3.5

Page 84

1 (a) 101 km **(b)** 103 km **(c)** 333 km **(d)** 439 km **(e)** 162 km **(f)** 91 km **2 (a)** 428 km **(b)** 818 km **(c)** 689 km **(d)** 700 km **(e)** 1010 km **(f)** 413 km **3 (a)** 675 km **(b)** 681 km **(c)** 828 km **(d)** 739 km **4 (a)** 108.75 **(b)** 127.50 **(c)** 395 **(d)** 198.75 **(e)** 170 **(f)** 200.625

Page 85

1 (a) 1.9 **(b)** 4.4 **(c)** 3.1 **(d)** 3.8 **(e)** 2.8 **(f)** 0.9 **(g)** 1.0 **(h)** 2.3 **(i)** 4.0 **(j)** 3.6 **(k)** 1.3 **(l)** 4.6 **3 (a)** 3.2 **(b)** 6.4 **(c)** 8.0 **(d)** 5.6 **(e)** 2.4 **(f)** 7.5 **(g)** 2.1 **(h)** 5.0 **(i)** 4.6 **(j)** 1.0 **5 (a)** 42 **(b)** 33 **(c)** 16 **(d)** 47 **(e)** 31 **6 (a)** 61 **(b)** 67 **(c)** 26 **(d)** 43 **(e)** 51

Page 86

1 (a) $\frac{2}{5}$ **(b)** 0.4 **2 (a)** 1.3 **(b)** 12.9 **(c)** 4.4 **(d)** 8.5 **(e)** 1.11 **(f)** 0.85 **(g)** 2.12 **(h)** 4.34 **(i)** 0.219 **(j)** 3.017 **(k)** 7.003 **(l)** 2.182 **(m)** 3.164 **(n)** 1.588 **(o)** 8.065 **(p)** 4.045 **3 (a)** $\frac{7}{10}$ **(b)** $\frac{3}{5}$ **(c)** $1\frac{1}{5}$ **(d)** $\frac{13}{50}$ **(e)** $\frac{21}{25}$ **(f)** $1\frac{11}{20}$ **(g)** $7\frac{17}{25}$ **(h)** $10\frac{47}{50}$ **(i)** $\frac{861}{1000}$ **(j)** $\frac{1}{40}$ **(k)** $1\frac{48}{125}$ **(l)** $5\frac{341}{500}$ **(m)** $11\frac{1}{125}$ **(n)** $14\frac{13}{200}$ **4 (a)** 0.2, 0.7, 1.1 **(b)** 2.41, 2.45, 2.48 **(c)** 4.181, 4.185, 4.188 **(d)** 3.2, 3.8, 4.6 **5 (a)** 0.8, 0.76, 0.699 **(b)** 0.3, $\frac{1}{4}$, 0.24 **6** 46 out of 50 (0.92), 18 out of 20 (0.90), 22 out of 25 (0.88) **7 (a)** 4.9 **(b)** 10.1 **(c)** 4.66 **(d)** 8.74 **(e)** 13.42 **(f)** 3.288 **(g)** 13.472 **(h)** 17.456 **(i)** 12.060 **(j)** 31.480 **8 (a)** 4.2 **(b)** 6.3 **(c)** 3.0 **(d)** 4.6 **(e)** 2.6 **(f)** 2.9 **(g)** 7.33 **(h)** 4.03 **(i)** 4.04 **(j)** 6.48

Page 87

(k) 1.79 **(l)** 4.88 **(m)** 5.111 **(n)** 1.945 **(o)** 5.748 **10** 811.33 m² **11 (a)** 78.96 (76) **(b)** 1059.63 (1020) **(c)** 2084.296 (2130) **12** £255.74 **13 (a)** 1.87 **(b)** 1.932 **(c)** 0.68496 **(d)** 0.83 **(e)** 2.37 **(f)** 1.85 **(g)** 6.26 **(h)** 4.935 **(i)** 12.76 **(j)** 9.43 **(k)** 4 **(l)** 6.4 **(m)** 8.5 **(n)** 10.7 **(o)** 42.9 **(p)** 87.0 **14** 14.7 cm **15 (b)** £1.60, £2.40, £2.80, 96p, £3.76 **(d)** 2.5, 3.75, 1.5, 0.2, 0.75 **16 (a)** £50 **(b) (i)** £9750 **(ii)** £1500 **(iii)** £4500 **(iv)** £2250

Page 88

1 (a) $\frac{3}{25}$ 12% 0.12 $\frac{88}{100}$ $\frac{22}{25}$ 88% 0.88 **(b)** $\frac{56}{100}$ $\frac{14}{25}$ 56% 0.56 $\frac{44}{100}$ $\frac{11}{25}$ 44% 0.44 **(c)** $\frac{70}{100}$ $\frac{7}{10}$ 70% 0.70 $\frac{30}{100}$ $\frac{3}{10}$ 30% 0.30 **(d)** $\frac{85}{100}$ $\frac{17}{20}$ 85% 0.85 $\frac{15}{100}$ $\frac{3}{20}$ 15% 0.15 **2 (a)** $\frac{11}{25}$ **(b)** $\frac{3}{5}$ **(c)** $\frac{41}{50}$ **(d)** $\frac{3}{20}$ **(e)** $\frac{19}{50}$ **(f)** $\frac{3}{50}$

Page 89

3 (a) 23% **(b)** 71% **(c)** 74% **(d)** 18% **(e)** 34% **(f)** 82% **(g)** 58% **(h)** 44% **(i)** 76% **(j)** 85% **(k)** 15% **(l)** 90% **(m)** 40% **(n)** 25% **4 (a)** 28% **(b)** 96% **(c)** 34% **(d)** 75% **(e)** 29% **(f)** 62% **(g)** 13.5% **(h)** 24.1% **(i)** 6.2% **(j)** 4.9% **(k)** 10.8% **(l)** 26.5% **5** Ann 85%, Carol 84%, Brian 80% **6 (a)** 648 **(b)** 552 **7 (a)** 399 kg **(b)** 551 kg **8** £78 **9 (a)** 76% **(b)** 24% **10** 18p **11 (a)** 27 **(b)** 153 **12** £98.60 **13** 20 **14 (a)** 80% **(b)** 20% **15** 15p **16** 8%, 30p **17 (a)** £10.20 **(b)** £74.80

Page 90

1 (a) 90p **(b)** 83p **(c)** 76p **(d)** 69p **(e)** 72p **(f)** £41 **(g)** £47 **(h)** £98 **(i)** £81 **(j)** £98 **2 (a)** £1.14 **(b)** £1.09 **(c)** £1.28 **(d)** £1.31 **(e)** £1.69 **(f)** £2.56 **(g)** £2.13 **(h)** £2.27 **(i)** £2.69 **(j)** £2.28 **3 (a)** £15.47 **(b)** £5.89 **(c)** £10.22 **(d)** £7.14 **(e)** £14.05 **(f)** £37.69 **(g)** £74.91 **(h)** £77.19 **(i)** £271.41 **(j)** £596.15 **4 (a)** £49.08 **(b)** £137.35 **(c)** £320.24 **(d)** £520.25 **(e)** £384.37 **(f)** £65.11 **(g)** £50.10 **(h)** £112.91 **(i)** £242.03 **(j)** £297.86 **(k)** £371.01 **(l)** £151.69 **(m)** £315.97 **5 (a)** 68p **(b)** 3p **(c)** 26p **(d)** 63p **(e)** 49p **(f)** £24 **(g)** £16 **(h)** £12 **(i)** £19 **(j)** £63 **6 (a)** £1.16 **(b)** £7.27 **(c)** £4.18 **(d)** £3.08 **(e)** £4.86 **(f)** £8.79 **(g)** £2.78 **(h)** £5.09 **7 (a)** £7.18 **(b)** £5.08 **(c)** £4.06 **(d)** £2.29 **(e)** £5.31

Page 91

(f) £8.89 (g) £31.59 (h) £66.46 (i) £46.08 (j) £64.72 (k) £36.16 (l) £85.49 (m) £286.07 (n) £196.77 (o) £723.88 (p) £334.81 **8** (a) £319.65 (b) £60.73 (c) £3.01 (d) £510.45 **9** (a) £301.19 (b) £255.91 (c) £393.06 **10** £352.88 **11** £191.45 **12** £78.95 **13** £20.60 **14** £162.20 **15** (a) £389.40 (b) £2855.60 **16** £201.83 **17** £2.18 **18** £641.67

Page 92

1 (a) 14p (b) 27p (c) 60p (d) 54p (e) 70p (f) 78p (g) £20 (h) £56 (i) £30 (j) £24 (k) £45 (l) £54
2 (a) £1.53 (b) £2.80 (c) £2.28 (d) £4.80 (e) £9.00 (f) £4.40 (g) £18.72 (h) £21.55 (i) £49.84 (j) £25.20
3 (a) £15.36 (b) £41.52 (c) £29.36 (d) £14.58 (e) £13.47 (f) £27.09 (g) £425.40 (h) £1856.40 (i) £5592.60 (j) £1506.40 (k) £2914.50 (l) £5674.40 (m) £1517.76 (n) £1632.00 (o) £2872.49 (p) £4247.32 (q) £2892.29 (r) £1808.94 **4** (a) 3p (b) 14p (c) 13p (d) 9p (e) 7p (f) 9p (g) £38 (h) £13 (i) £29 (j) £12 (k) £13 (l) £24 (m) £49 (n) £114 (o) £121 (p) £117 (q) £95 (r) £123 **5** (a) 17p (b) £1.34 (c) £1.68 (d) 68p (e) £1.39 (f) 69p (g) £5.90 (h) £5.30 (i) 64p (j) 47p (k) 74p (l) 28p (m) 73p (n) 39p (o) 56p (p) 43p (q) 74p (r) 68p (s) 87p (t) 98p **6** (a) £14.30 (b) £19.64 (c) £18.94 (d) £11.37 **7** (a) 9p (b) 15p (c) £26 (d) £46 (e) £33 (f) £60 (g) £45 (h) £57 (i) £357 (j) £94 (k) £3.57 (l) £5.16 (m) £14.76 (n) £14.07 (o) £34.65

Page 93

8 £1751.58 **9** £45.06 **10** (a) £3293.84 (b) £4771.68 **11** £63.36, £66.56, £58.88 **12** (a) 9 (b) 7 (c) 5 (d) 9 (e) 7 (f) 4 (g) 14 (h) 19 (i) 26 (j) 33 (k) 84 (l) 46 **13** 28 **14** 46 **15** £54.18 **16** £544.32 **17** 41 **18** £446.88

Page 94

3	1	6		3	2	5	8		7
8	2		6	8	0		1	4	9
4	8	1	5		4	7		1	2
	9	0	4		9	0	3	7	
6		7		8		2	3		6
3	2		7	6	4		6	1	8
5	1	4	0		1	8		2	4
6	0	3		7		1	4	0	
		1	5	6	7		3		2
4	8	2		3	5		3	0	6

Page 95

1 6, 9 **2** (a) 15 (b) 24 (c) 36 (d) 45 (e) 75 **3** (a) 4 mℓ (b) 7 mℓ (c) 10 mℓ (d) 14 mℓ (e) 18 mℓ (f) 20 mℓ

Page 96

4 (a) 4, 2 (b) 10, 5 (c) 14, 7 (d) 24, 12 (e) 30, 15 **5** Ann 36, Brian 18

6

	(a) Number to be shared	(b) Ratio P : Q	(c) Fraction P gets	(d) Fraction Q gets	(e) Number P gets	(f) Number Q gets
	30	3 : 2	$\frac{3}{5}$	$\frac{2}{5}$	$\frac{3}{5} \times 30 = 18$	$\frac{2}{5} \times 30 = 12$
	25	2 : 3	$\frac{2}{5}$	$\frac{3}{5}$	$\frac{2}{5} \times 25 = 10$	$\frac{3}{5} \times 25 = 15$
	42	3 : 4	$\frac{3}{7}$	$\frac{4}{7}$	$\frac{3}{7} \times 42 = 18$	$\frac{4}{7} \times 42 = 24$
	35	4 : 3	$\frac{4}{7}$	$\frac{3}{7}$	$\frac{4}{7} \times 35 = 20$	$\frac{3}{7} \times 35 = 15$
	24	5 : 1	$\frac{5}{6}$	$\frac{1}{6}$	$\frac{5}{6} \times 24 = 20$	$\frac{1}{6} \times 24 = 4$
	36	1 : 5	$\frac{1}{6}$	$\frac{5}{6}$	$\frac{1}{6} \times 36 = 6$	$\frac{5}{6} \times 36 = 30$

Page 97

7 (a) 1:4 **(b)** 2:3 **(c)** 4:5 **(d)** 4:5 **(e)** 3:4 **(f)** 4:5 **(g)** 3:2 **(h)** 3:1 **(i)** 5:3 **(j)** 8:5 **(k)** 4:3 **(l)** 12:7
8 (a) 1:3 **(b)** 16:9 **(c)** 4:3 **(d)** 18:31 **(e)** 5:6 **(f)** 2:5 **(g)** 4:5 **(h)** 3:5 **(i)** 12:5 **(j)** 1:6 **(k)** 4:9
(l) 16:15 **(m)** 1:4 **(n)** 4:5 **(o)** 1:5 **(p)** 2:3 **(q)** 17:40 **(r)** 3:2 **(s)** 12:7 **(t)** 8:3 **(u)** 5:1 **9 (a)** 9 **(b)** 3
(c) 35 **(d)** 77 **(e)** 72 **(f)** 10 **(g)** 11 **(h)** 1 **(i)** 2 **10 (a)** 6, 8, 10, 4, 3 **(b)** (i) 3:4 (ii) 5:2 (iii) 1:2 (iv) 4:5
(v) 3:5 (vi) 1:2 **11 (a)** 8 **(b)** 42 **(c)** 90 **(d)** 18 **(e)** 32 **(f)** 108 **(g)** 4 **(h)** 16 **(i)** 3 **(j)** 4 **(k)** 11 **(l)** 9 **(m)** 7
(n) 8 **(o)** 5 **(p)** 24 **(q)** 24 **(r)** 90 **(s)** 9 **(t)** 16 **(u)** 28 **(v)** 9 **(w)** 40 **(x)** 20

Page 98

12 (a) 4 **(b)** 3 **(c)** 8 **(d)** 4 **(e)** 7 **(f)** 3 **(g)** 5 **(h)** 5 **(i)** 5 **13** 8 years **14** 40p, 48p **15** 60 mℓ **16** £49
17 70p, 50p **18** 9 h, 15 h **19** 20 kg, 32 kg
1 (a) 2p **(b)** £3 **(c)** 8p **(d)** 31p **(e)** 13p **(f)** 12p **2 (a)** 18p **(b)** 72p **(c)** 99p **(d)** £1.71 **(e)** £1.80 **3 (a)** 42p
(b) £1.26 **(c)** £1.96 **(d)** £3.22 **4 (a)** £4.80 **(b)** £7.20 **(c)** £15.60 **(d)** £19.20 **(e)** £31.20 **(f)** £38.40

Page 99

5 7p, 56p **6** 22p, 88p **7 (a)** (i) 7p (ii) 70p (iii) 84p (iv) £1.89 (v) £2.31 (vi) £2.80 (vii) £3.92 **(b)** (i) 8p
(ii) 56p (iii) 80p (iv) £1.68 (v) £3.04 (vi) £3.44 **(c)** (i) 60p (ii) £4.80 (iii) £7.80 (iv) £13.20 (v) £18
(vi) £27.60 **8 (a)** 72p **(b)** (i) £14.40 (ii) £59.04 (iii) £72 (iv) £86.40 **9 (a)** 542.5 g **(b)** 3.7975 kg
(c) 5.425 kg **(d)** 13.5625 kg **10 (a)** 11 km **(b)** 99 km **(c)** 198 km **(d)** 407 km **(e)** 528 km **11 (a)** 1 ℓ **(b)** $\frac{1}{2} \ell$
(c) 9 ℓ **(d)** 22.5 ℓ **(e)** 26.5 ℓ **13** $1\frac{1}{2}$ minutes **15** £16.80 **16** 10 minutes

Page 100

20 12.8 g **24** 560

Page 101

1 (a) 8 **(b)** 10 **(c)** 31 **(d)** 10 **(e)** 19 **(f)** $19\frac{1}{2}$ **(g)** $42\frac{1}{2}$ **(h)** $18\frac{1}{2}$ **(i)** $12\frac{1}{2}$ **(j)** $30\frac{1}{4}$ **(k)** $5\frac{3}{4}$ **(l)** $5\frac{3}{4}$ **(m)** $5\frac{1}{4}$ **(n)** $3\frac{5}{8}$
(o) $6\frac{7}{8}$ **(p)** $2\frac{3}{8}$ **(q)** $9\frac{1}{5}$ **(r)** $4\frac{2}{9}$ **(s)** $4\frac{7}{10}$ **(t)** $2\frac{7}{12}$ **2 (a)** 5.1 **(b)** 4.3 **(c)** 3.5 **(d)** 2.25 **(e)** 2.085 **(f)** 6.8 **(g)** 4.01
(h) 5.99 **(i)** 11.154 **(j)** 25.735 **(k)** 7.114 **3** 2.565 m **4** 20.3°C **5** 31.4 **6** 83p **7** 5.56 m **8** 3.22 km **9** 46.7 kg
10 7.865 t **11** 47 km/h **12** 61 km/h

Page 102

13 90 km/h **14** 91 km/h **15** 88 km/h **16** 5.6 km/h **17** 45.15 km/h **18** 64.5 km/h **19** 30 km/h
20 (a) (i) 170 km (ii) 180 km (iii) 350 km **(b)** (i) 2 h (ii) 3 h (iii) 5 h **(c)** (i) 85 km/h (ii) 60 km/h
(iii) 70 km/h **(d)** 50 km/h

Page 103

1 −6, +1, +8, −3, **2** +19, −27, +32, −24, **3** −18, −5, −6, +29 **4** −2, +18, −10, −6
5 +46, +2, −33, −15 **6** −22, −4, +18, +8 **7** $+4\frac{1}{2}$, $-5\frac{1}{2}$, $+8\frac{1}{2}$, $-7\frac{1}{2}$ **8** $+7\frac{1}{2}$, +18, $-12\frac{1}{2}$, $-13\frac{1}{2}$
9 −18, $+3\frac{1}{2}$, $+7\frac{1}{2}$, +7 **10** +3.4, −4.3, +2.7, −1.8 **11** −7.6, +2.5, −1.2, +6.3
12 +9.3, −5.1, −9.3, +5.1

Page 104

13 $+4\frac{1}{4}$, $-1\frac{1}{2}$, $-3\frac{5}{8}$, $+\frac{7}{8}$ **14** $+1\frac{3}{10}$, $-3\frac{4}{5}$, $+1\frac{1}{10}$, $+1\frac{2}{5}$ **15** $+2\frac{1}{4}$, $-3\frac{3}{4}$, $+5\frac{1}{6}$, $-3\frac{2}{3}$

Page 106

52–60. The numbers are the same in the two squares.

Page 107

1 33 **2** 14 **3** 77 **4** 98 **5** $5\frac{1}{2}$ **6** $4\frac{1}{4}$ **7** 2.4 **9 (a)** 13 **(b)** 86 **(c)** 29 **(d)** 59 **(e)** 29 **(f)** 81 **(g)** 142 **(h)** 205 **(i)** $3\frac{1}{2}$
(j) $1\frac{3}{4}$ **(k)** $\frac{4}{5}$ **(l)** $2\frac{3}{5}$ **(m)** $6\frac{3}{4}$ **(n)** $3\frac{3}{4}$ **(o)** $2\frac{1}{2}$ **(p)** $5\frac{3}{8}$ **10 (a)** 4 **(b)** 12 **(c)** 40 **(d)** $2\frac{1}{2}$ **(e)** $3\frac{1}{2}$ **(f)** 5 **(g)** 19 **(h)** 35
(i) $3\frac{1}{3}$ **(j)** $4\frac{2}{3}$

Page 108

11 (a) 12 **(b)** 16 **(c)** 20 **(d)** 32 **(e)** 62 **(f)** 94 **(g)** $1\frac{1}{2}$ **(h)** $2\frac{1}{2}$ **(i)** 4 **(j)** 6 **(k)** 12 **(l)** 12 **(m)** 2.6 **(n)** 14 **(o)** 2.8 **(p)** 19.5 **(q)** 35.4 **(r)** 211 **12 (a)** 12 cm² **(b)** 45 cm² **(c)** 120 cm² **(d)** 133 m² **(e)** 275 m² **(f)** 496 m² **(g)** 9.88 cm² **(h)** 19.14 cm² **(i)** 85.68 cm² **(j)** 42 m² **(k)** $8\frac{5}{8}$ m² **(l)** $6\frac{3}{16}$ m² **13 (a)** $b = 4$ cm **(b)** $b = 5$ cm **(c)** $b = 6$ cm **(d)** $b = 1.8$ cm **(e)** $b = 1.8$ cm **(f)** $b = 1.6$ cm **(g)** $l = 4.9$ cm **(h)** $l = 11.8$ cm **(i)** $l = 17.2$ cm **14 (a)** 44 cm **(b)** 88 cm **(c)** 198 cm **(d)** 286 cm **(e)** 396 cm **(f)** $3\frac{1}{7}$ cm **(g)** $12\frac{4}{7}$ cm **(h)** $9\frac{3}{7}$ cm **(i)** 33 cm **(j)** 55 cm **(k)** 132 cm **(l)** 176 cm **(m)** 440 cm **(n)** 352 cm **(o)** 220 cm **15 (a)** 6.28 cm **(b)** 15.7 cm **(c)** 25.12 cm **(d)** 31.4 cm **(e)** 94.2 cm **(f)** 25.12 cm **(g)** 43.96 cm **(h)** 56.52 cm **(i)** 125.6 cm **(j)** 314 cm

Page 109

16 (a) 50.24 cm² **(b)** 3.14 cm² **(c)** 78.5 cm² **(d)** 200.96 cm² **(e)** 28.26 cm² **(f)** 314 cm² **(g)** 31 400 cm² **(h)** 1256 cm² **(i)** 452.16 cm² **(j)** 1962.5 cm² **17 (a)** 16 cm² **(b)** 40 cm² **(c)** 96 cm² **(d)** 27 cm² **(e)** 77 cm² **(f)** 52 cm² **(g)** 7.5 cm² **(h)** 38.5 cm² **(i)** 67.5 cm² **1** Brian **3 (a)** 7 **(b)** 2 and 12

Page 110

3

	1	2	3	4	5	6
1	2	3	4	5	6	7
2	3	4	5	6	7	8
3	4	5	6	7	8	9
4	5	6	7	8	9	10
5	6	7	8	9	10	11
6	7	8	9	10	11	12

Page 112

1 Sir Winston Churchill 91; Sir Isaac Newton 85; Charles Darwin 83; Galileo 78; Albert Einstein 76; Henry Longfellow 75; Elizabeth I 70; W. G. Grace 67; Malcolm Campbell 64; Aristotle 62; Mohammed 62; John Constable 61; Oliver Cromwell 59; Sir Francis Drake 56; Henry VIII 56; Adolf Hitler 56; Robert Bruce 55; Christopher Columbus 55; Thomas à Beckett 52; Napoleon I 52; Alfred the Great 50; Horatio Nelson 47; Robert Burns 37; Alexander the Great 33; Joan of Arc 19
2 (a) 11 **(b)** 7 **(c)** 9 **(d)** 10 **(e)** 10 **(f)** 53 **(g)** 43
3 (a) 1924, 1936, 1940, 1996 **(b)** 67 **4 (a)** 32 h **(b)** $39\frac{1}{2}$ h **(c)** 65 h
5 (a) 600 **(b)** 3600 **(c)** 86 400 **(d)** 604 800 **(e)** 31 536 000

Page 113

6 (a) 19th, 26th **(b)** 2nd, 9th **7** 7 days in one week **8 (a)** 22, 30 **(b)** 23, 31 **(c)** 18, 26 1 week plus 1 day between them **9 (a)** 20 **(b)** 15, 21, 27 **(c)** 16, 22, 28, 6 1 week minus 1 day between them **12** Quest. 10: sum is $6x + 48$, Quest. 11: sum is $8x + 88$

Page 114

1 (a) $\frac{19}{100}$ **(b)** $\frac{6}{25}$ **(c)** $\frac{1}{2}$ **(d)** $\frac{3}{4}$ **(e)** $\frac{19}{50}$ **(f)** $\frac{1}{8}$ **2 (a)** 17% **(b)** 83% **(c)** 62% **(d)** 38% **(e)** 52% **(f)** 35% **(g)** 30% **(h)** 60% **3 (a)** 31% **(b)** 82% **(c)** 6% **(d)** 13.7% **(e)** 40.1% **4 (a)** 52% **(b)** 912 **5 (a)** 85p **(b)** £131 **(c)** £5.23 **(d)** £3.31 **6 (a)** £6.49 **(b)** £9.08 **(c)** £8.22 **(d)** £90.60 **(e)** £61.95 **7 (a)** 59p **(b)** £1.17 **(c)** £2.74 **(d)** £5.18 **8 (a)** £5.34 **(b)** £3.07 **(c)** £2.56 **(d)** £7.65 **(e)** £23.07 **9 (a)** £173.47 **(b)** £62.29 **(c)** £87.01 **(d)** £54.69 **10** £23.33 **11 (a)** 72p **(b)** £192 **(c)** £9.10 **(d)** £55.56 **(e)** £147.30 **12 (a)** £830.40 **(b)** £1225.70 **(c)** £420.80 **(d)** £1593.44 **(e)** £3649.02 **(f)** £5493.54

Page 115

13 (a) 14p **(b)** 19p **(c)** 29p **(d)** £3.87 **(e)** £11.48 **14 (a)** £2.14 **(b)** £1.76 **(c)** £6.09 **(d)** £2.37 **(e)** £1.62 **(f)** £1.95 **15** 32 **16 (a)** 32, 48 **(b)** £63 **17** £8.90 **18** 625 **19 (a)** 9 **(b)** 4.7 **(c)** $3\frac{3}{8}$ **20** 19 km/h **21 (a)** 180 km **(b)** 30 km/h **(c)** 105 km **(d)** 35 km **22** $2\frac{3}{8}$ **23 (a)** $p = 7$ **(b)** $r = 19\frac{1}{2}$ **(c)** $y = 42$ **24 (a)** 3.91 cm² **(b)** 3.6 cm **25** 32.656 cm **26** 27 **27** 3960 **28** 749